SolidWorks 项目化教程

主　编　赵天学　刘　庆

副主编　马岩美　周　萍　张　娜

主　审　王恩海

北京理工大学出版社

BEIJING INSTITUTE OF TECHNOLOGY PRESS

内 容 提 要

本书内容包括SolidWorks软件简介、作图准备、三维造型常用命令、平面图形绘制、用SolidWorks三维软件辅助学习机械制图、零件图立体制作六个项目，每个项目下设不同的任务，每个项目由项目简介、项目目标、项目导航、项目准备、项目实施、项目创新和项目检测组成，帮助读者清思路；每个任务有任务描述、任务分析、知识准备、任务实施、创新初步等内容，有的还加了任务准备。项目导航内做了人文提示，是课程思政内容的探索。

SolidWorks 2016是三维终端软件的代表，很适合高等院校、高职院校学生入门学习，更重要的是它能帮助机械类、近机类的学生高效学习机械制图和机械设计基础等课程，本书选取与机械制图课程关系密切的部分进行介绍，也为以后的机械设计基础做个铺垫。

版权专有 侵权必究

图书在版编目（CIP）数据

SolidWorks 项目化教程 / 赵天学，刘庆主编 .-- 北京：北京理工大学出版社，2021.8

ISBN 978-7-5763-0145-8

Ⅰ.①S… Ⅱ.①赵…②刘… Ⅲ.①计算机辅助设计—应用软件—高等学校—教材 Ⅳ.① TP391.72

中国版本图书馆 CIP 数据核字（2021）第 164315 号

出版发行／北京理工大学出版社有限责任公司

社　　址／北京市海淀区中关村南大街5号

邮　　编／100081

电　　话／（010）68914775（总编室）

　　　　　（010）82562903（教材售后服务热线）

　　　　　（010）68944723（其他图书服务热线）

网　　址／http://www.bitpress.com.cn

经　　销／全国各地新华书店

印　　刷／河北鑫彩博图印刷有限公司

开　　本／787毫米×1092毫米　1/16

印　　张／18　　　　　　　　　　　　　　　责任编辑／薛菲菲

字　　数／424千字　　　　　　　　　　　　文案编辑／薛菲菲

版　　次／2021年8月第1版　2021年8月第1次印刷　　责任校对／周瑞红

定　　价／74.00元　　　　　　　　　　　　责任印制／李志强

AR 内容资源获取说明

Step1 扫描下方二维码，下载安装"4D 书城"App；

Step2 打开"4D 书城"App，点击菜单栏中间的扫码图标，再次扫描二维码下载本书；

Step3 在"书架"上找到本书并打开，点击电子书页面的资源按钮或者点击电子书左下角的的扫码图标扫描实体书的页面，即可获取本书 AR 内容资源！

前言

本书是在"十二五"职业教育国家规划教材《SolidWorks 2008 中文版实例教程》基础上改写而来的，主要用 2012 版和 2016 版做了重写，格式上做了统一布局，将项目特点凸显出来，内容较原来丰富很多。对部分项目内容做了增删，如平面图部分增加了手柄吊钩的内容，去掉了标题栏等简单内容，体现与机械制图的对应，对零件图立体制作补充了其他三类（轮盘盖类、叉架类、箱体类）典型零件，使其成为种类齐全的零件立体制作。

本书对创新内容做了大幅增加，以响应国家人才创新的要求。对在校学生来说，创新特别是结合本专业基础课程的创新尤为重要。社会对大学生的确提出需要"有自主探究、独立思考、发现问题解决问题意识与能力"等学生发展质量评价指标，要求推动大学生的创新意识和能力的锻炼提高，从基础简单内容出发的创新，体现了创新的可行性和广阔性，目的是使人人都可以创新，人人都可以受益。所以本书项目 3 的七个常用命令，每个命令除了基本操作实例外，还增加了创新的实例，应用刚刚学过的命令，进行创造性制作，有些实例与实际生活贴近，如窗帘架蜡杆挂钩、水果破壁机杯子、筷子筒架、量子自旋共振仪的杯子等，除了将三维技能用于专业，还可以兼顾生活，扩大了技能的应用范围，学生看到更多的应用场景，解决了"有什么用"的问题。课后的项目检查，选用了学生作业中的许多创新实例，目的是激发学生的学习兴趣，从简单平淡中体会到创新的不简单，甚至来之不易。

机械制图是本书的重点之一，除斜度、锥度等基本绘图外，本书还对三视图、向视图、斜视图、剖视图、断面图等做了详尽的说明，以方便学生操作学习。图形有了尺寸标注后，可以通过修改尺寸改变立体结构大小，形成系列产品。本书将机械制图与三维软件结合起来，发挥立体图形直观性强与更改方便的优势，相当于用 5G 学习 3G 知识，用多维途径掌握低维，使学习更加容易。

本书除配有辅助视频，以便于读者自学掌握外；还针对一些复杂三维模型开发制作了 AR交互资源，以帮助读者看懂图形结构，提高读图效率，培养图形空间想象能力。

有了创新的思维，创新的工具，可以有无穷无尽的变形出现，还可以运用到其他课程中去。机械设计基础课程设计的一级齿轮减速器设计也可以用 SolidWorks 软件制作，还有如焊接结构制造中的桥式起重机、球形筒形压力容器、焊接变位机械、装配零部件等的制作，甚至埋弧焊多层多道焊的工艺模拟都可以用三维模拟出来，从而为学生走向工程师岗位打下基础。

本书由山东工业职业学院赵天学（项目 3）、刘庆（项目 5）担任主编，山东工业职业学院马岩美（项目 1、项目 2）、周萍（项目 4）及河南职业技术学院张娜（项目 6）担任副主编。全书由王恩海主审，赵天学统稿。本书出版过程中得到了出版社领导和编辑、山东工业职业学院机电学院领导的大力支持，在此表示感谢！

限于编者水平，不足之处在所难免，敬请读者不吝指导，编者邮箱：zb_ztx@126.com。

编　者

项目 1　熟悉 SolidWorks 软件 ················1

项目 2　作图准备 ···········9

项目 3　三维造型常用命令的运用 ·········17

任务 3.1　运用拉伸命令 ···············18

任务 3.2　运用旋转命令 ···············22

任务 3.3　运用拉伸切除 ···············25

任务 3.4　运用扫描命令 ···············33

任务 3.5　运用旋转缩放命令 ···········41

任务 3.6　运用抽壳命令 ···············48

任务 3.7　运用阵列命令 ···············51

任务 3.8　改进与创新 ···············57

任务 3.9　焊枪三维调整机构创作 ···········68

项目 4　平面图形绘制 ···········80

任务 4.1　简单草图绘制 ···············81

任务 4.1.1　运用标准直线表格文字 ·····81

任务 4.1.2　绘制几何图形 ···········85

任务 4.2　平面图形（手柄吊钩）绘制·····92

任务 4.2.1　绘制手柄 ···········92

任务 4.2.2　绘制吊钩 ···········96

任务 4.3　平面圆周阵列图形绘制 ·········102

任务 4.4　平面线性阵列图形绘制 ·········104

任务 4.5　剖视图绘制 ···············106

任务 4.6　画三视图 ···············109

项目 5　用 SolidWorks 三维软件辅助学习机械制图 ···········117

任务 5.1　基本体造型指导 ···············118

任务 5.2　截交线与相贯线立体的制作···125

任务 5.2.1　四棱柱挖去三棱柱 ·········125

任务 5.2.2　棱锥台上切去四棱柱 ·········128

任务 5.2.3　正六棱柱上剖切去四棱柱 ·····130

任务 5.2.4　圆柱体偏切剖 ·········132

任务 5.2.5　圆柱体两边对称切割 ·········133

任务 5.2.6　圆球切割 ·········134

任务 5.2.7　圆柱圆球组合切割 ·········136

任务 5.2.8　求相贯线 ·················138

任务 5.3　组合体造型及解题思路梳理···141

　　任务 5.3.1　参考立体图补画组合体的

　　　　　　　　三视图 ···············141

　　任务 5.3.2　参考立体图补画三视图指导···145

　　任务 5.3.3　已知两个视图补画第三视图···149

任务 5.4　形成尺寸标注图形 ···········167

　　任务 5.4.1　根据部件给定尺寸标注组合体

　　　　　　　　三视图尺寸 ···········167

　　任务 5.4.2　根据立体图尺寸绘制三视图并

　　　　　　　　标注尺寸 ···········174

任务 5.5　确定机件的表达方法及解题

　　　　　思路 ·····················179

　　任务 5.5.1　补画剖视图中的漏线 ·······179

　　任务 5.5.2　绘制截交线剖视图 ········182

　　任务 5.5.3　绘制相贯线剖视图 ········183

任务 5.5.4　组合体全剖视图绘制 ·········186

任务 5.5.5　断面图（移出断面图）绘制··194

任务 5.5.6　阶梯剖图形绘制 ············198

任务 5.5.7　多个相交平面剖切（旋转剖）

　　　　　　图形的绘制 ···········204

任务 5.5.8　画向视图 ·················207

任务 5.5.9　画局部视图和斜视图 ·······214

任务 5.6　表达方法综合运用指导 ·······223

项目 6　零件图立体制作 ·················243

任务 6.1　轴套类零件造型 ·············244

任务 6.2　盘盖类零件造型 ·············256

任务 6.3　叉架类零件造型 ·············264

任务 6.4　箱体类零件造型 ·············273

参考文献 ·····························282

项目 1　熟悉 SolidWorks 软件

【项目简介】

了解作图软件，才能更好地利用软件的功能。三维软件 SolidWorks（简称 SW）具有很多优点，这里主要介绍常用的几项功能，特别是对于机械制图的学习有帮助的功能，如与常见 CAD 软件的互换文件、参数化绘图、特征等。

【项目目标】

1．了解 SW 的特点，了解特征的概念和参数化的概念，为将来修改特征参数奠定基础。

2．用 SW 打开 AutoCAD 文件，保存".dwg"格式文件。

【项目导航】

人文与科技的结合一直是人们追求的目标，物质文明与精神文明双丰收，是国家倡导的事情。在校学生除了学习物质有形的三维实体的创造外，还要注重精神层面的丰富和修养，在物质越来越丰富的同时，精神修养也要进一步提高。注重总结（归纳出自己的思想）、反思（反过来思考，从物质到方法，从方法到物质，正正反反）、悔过（做错了的地方及时改进），这三大法宝就是提升造型能力的关键。

基础的"基"，由"土"和"土"上的"其"组成，根据文言文的知识，其是你我他，这里指我，不要指望别人，代表我有责任，我有学好基础知识、基本技能的责任。土，土壤，从专业的角度来说是指全部的专业课程，包括基础课、专业基础课、专业课等。农民在土地里种庄稼，学生从课本里学思路，种下创造的种子。础，从"石"头里"出"来，学好了基本技能就能"出来"，就能创造出新的东西，如产品、结构、生活用品等。我们生活的改善需要用劳动来实现，劳动的支撑是技术、技能。所以，要学好基础，尽量扎实。

现在是 5G 时代，三维造型也要积极向多维迈进。时间和速度是三维之外的另外两个维度。时间，包括节假日时间，课程结束后的时间，都可以拿过来用，"假"就是借的意思。君子善假于物，借助其他物的启发提升自己。速度快了，节省时间，剩下的时间可以借来用。

项目准备

【项目实施】

一、熟悉 SolidWorks 的特性

SolidWorks 软件同所有 3D CAD 软件一样是一个基于"特征"的参数化实体建模软件，其特性如下。

1．特征

特征是建构实体的重要元素，一般由诸如拉伸、旋转、扫描或放样等命令里"草绘特征"以及诸如倒圆角和倒角这类的"应用特征"所组成。特征所在处称为"特征管理器"，在 SolidWorks 中叫作"特征管理器设计树"，在特征管理器中，不仅可以显示特征创建的顺序，而且还方便用户在此编辑它们。有了源文件，我们可以看到高手建模的顺序，体会建模的思路，从而提高自己的见识和建模技巧。这个过程的完整记录比起仅有最终结果来说更有用。

2．参数化

在 SolidWorks 中，人们可以通过创建尺寸，或者使用诸如几何体间的平行、相切或同心等几何关系来控制图形。这个功能对于思维不是很严谨的初学者来说很容易上手，例如暂时画出一个矩形，然后添加边长尺寸决定矩形的最终大小。Auto CAD 也在逐渐采用参数化，但其速度和功能明显稍弱。

3．实体建模

实体建模是所有 CAD 软件用来完整表达一个真实物体的几何方式，它包含完整描述模型的边和表面所必需的所有线框，以及表面几何信息。

4．关联性

SolidWorks 的模型、工程图，以及参考它的装配体，都是具有关联性的，只要对模型的任一部分做修改，都会自动反映到与之相关的图形中，带来系列零件设计的方便性。

5．约束

通过对图形进行诸如平行、垂直、水平、同心和重合等几何约束，可以控制图形的精准度，也支持通过方程来创建参数间的数学关系。

6．设计意图

设计意图是 SolidWorks 比较独特的特性，在 SolidWorks 中，关于模型被改变后，细节要如何随之变化的方式，成为"设计意图"，例如，用户创建了一个凸台，在上面有一个盲孔，当移动凸台位置时，盲孔也应该随之移动，盲孔移动后孔的中心位置与凸台中心保持重合的关系不变是设计意图，孔的中心与凸台某个边的距离不变也可以是设计者的设计意图，在草图绘制阶段通过尺寸或者几何关系体现出来。同理，如果用户创建了有 6 个等距圆孔的圆周阵列，当将圆孔的数目改为 8 后，孔之间的角度自动随之改变。

这些特征，对于草图或者实体的编辑很有用，增加了学习的灵活性，建模的思路可以有自己独特的一面，不必拘束于教师的思路，学生会更有成就感。

二、学习 SolidWorks 与 AutoCAD 文件互换

SolidWorks 与 AutoCAD 及其他三维软件之间都能够进行文件转换利用，相互转换的方法有许多，这里只做简单介绍。比如要将 AutoCAD 的 ".dwg" 格式文件 "轴承座" 打开（图 1-0-1），具体做法如下。

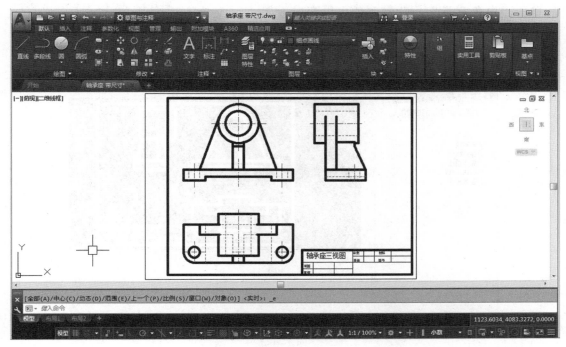

图 1-0-1

（1）确保 Auto CAD 文件已经保存。

（2）启动 SolidWorks 软件，单击 "打开" 按钮，在出现的对话框中，在文件类型中选择 ".dwg" 格式，在 "查找范围" 中找到文件所在的文件夹，移动滑标可以看到所找的文件，单击该文件，"文件名" 栏中自动出现原来保存文件时使用的名称。参见图 1-0-2，然后单击 "打开" 按钮。

（3）打开后的界面如图 1-0-3 所示，按照默认设置，即选中 "生成新的 SOLIDWORKS 工程图" 中的 "转换到 SOLIDWORKS 实体"。如果要利用平面图形的一

图 1-0-2

部分生成立体图形，则选中"输入到新零件"
选项。

（4）如图 1-0-3 所示，单击"下一步"按钮，
出现如图 1-0-4 所示的预览图。选中"所有所
选图层"，勾选"输入此图纸为 Model"，然
后单击"白色背景"，背景颜色由黑变白，如
图 1-0-5 所示。

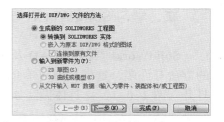

图 1-0-3

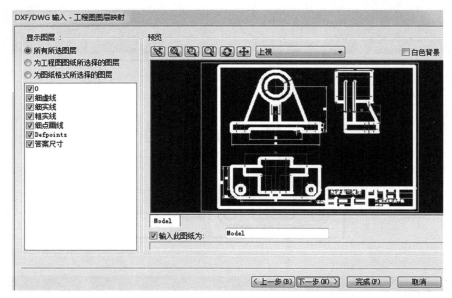

图 1-0-4

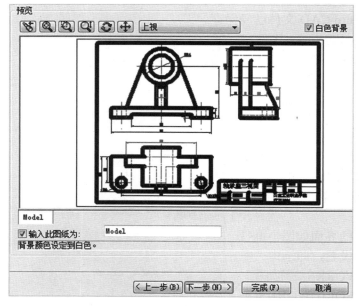

图 1-0-5

（5）单击如图 1-0-5 所示界面的"下一步"按钮，出现图 1-0-6 所示的对话框，注意将"数据单位"改为"毫米"，其他默认。单击"完成"按钮，将图纸缩放改变位置，出现合适的图形，如图 1-0-7 所示。图纸背景是软件默认背景，不用改变。工具栏标题栏的格式是原来 CAD 源文件格式。

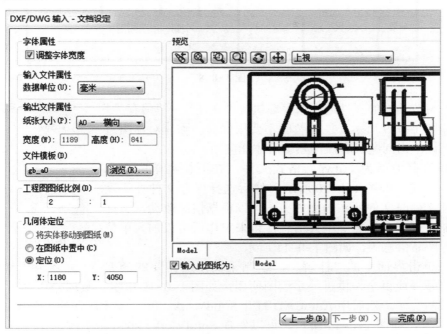

图 1-0-6

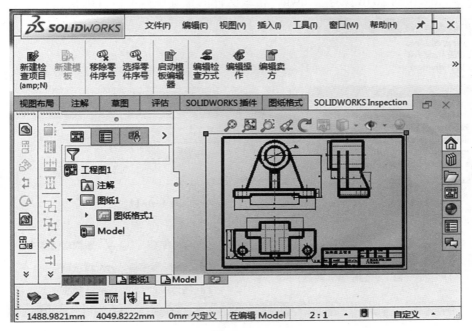

图 1-0-7

（6）在 SW 中进行适当操作，比如将部分图线改变粗细，更改标题栏的文字日期等，如图 1-0-8 所示。具体过程将在后面详细介绍。

轴承座三视图			比例	2:1	材料	
			质量		图号	
制图	×××	20210103.	× × 职业学院			
审核	×××	20210103.	× × 专业			

图 1-0-8

（7）将改动后的文件进行保存。执行"文件"→"另存为"命令，如图 1-0-9 所示。注意暂时不要用保存，除非对作图过程能够保证不出问题或者操作熟练后才能应用。

选择保存类型为".dwg"格式文件，在下拉菜单中选择".dwg"格式，如图 1-0-10 所示。然后选择保存文件夹，默认是打开文件时文件所在的文件夹，可以根据情况改动，文件名建议加入班级、姓名等个人信息，将来工作后可以加入单位科室或者产品信息等，如图 1-0-11 所示。

图 1-0-9

（8）单击界面上的"注解"，绘制平面图所需要的公差基准等符号一应俱全，供进一步绘图使用，如图 1-0-12 所示。具体操作例子见后述平面图形绘制实例。然后用 AutoCAD 打开 SolidWorks 2016 刚才保存的"焊接 1901 曹强轴承座 -1"，如图 1-0-13 所示，可以发现 SolidWorks 2016 中更改的文字日期等，在 Auto CAD 中显示出来了。在 Auto CAD 中可以用标注的方法检查图形尺寸大小，以此来验证 SolidWorks 2016 保存".dwg"格式文件的正确性。请自行试验。

工程图 (*.drw;*.slddrw)

工程图 (*.drw;*.slddrw)
分离的工程图 (*.slddrw)
工程图模板 (*.drwdot)
Dxf (*.dxf)
Dwg (*.dwg)
eDrawings (*.edrw)
Adobe Portable Document Format (*.pdf)
Adobe Photoshop Files (*.psd)
Adobe Illustrator Files (*.ai)
JPEG (*.jpg)
Portable Network Graphics (*.png)
Tif (*.tif)

图 1-0-10

文件名(N): 焊接1901曹强轴承座三视图-1
保存类型(T): Dwg (*.dwg)
说明: Add a description

选项...

隐藏文件夹   保存(S)

图 1-0-11

图 1-0-12

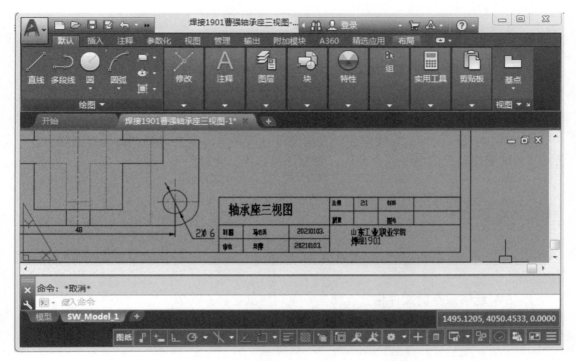

图 1-0-13

由上面的过程可知，SolidWorks 从 2008 版开始，既可以直接打开 AutoCAD 的 ".dwg" 格式文件，又可以直接保存为 AutoCAD 的 ".dwg" 格式文件，为两者的兼容提供了很大的方便。SolidWorks 2016 保存为 ".dwg" 格式的文件，可以用 AutoCAD 2016 版打开，在 SolidWorks 2016 中改动的内容可以完全显示出来，再进行编辑。学习者可以根据这些条件、自己的喜好和使用习惯，快速作图，也为网上交流，向 CAD 高手请教提供了方便。

值得注意的是，SolidWorks 2016 保存的文件是 64 位的。经过转换的文件可能有遗漏，需要在新软件中重新修订补充。有的地方需要修改，熟悉软件后比较容易操作。

后面的内容我们将全面展示 SolidWorks 在绘制平面图形和立体图形中的具体做法。特别注重它作为学习机械制图好帮手的特色，同时兼顾作平面图的功能，从中我们可以看出 SolidWorks 作为三维软件出现是包含着丰富的平面图形绘制功能的，绘图更加方便，具有真正参数化绘图特点，初学者很容易学会。

以后的描述中将 SolidWorks 2016 简述为 SW 2016。

提示

如果在安装 SW 之前已经安装了某一版本的 AutoCAD，SW 会自动检测到。在保存 ".dwg" 文件时，软件会提示选择该版本文件，还是其他版本文件，可以选择安装版本文件，也可以选择更早版本格式文件。

项目创新

1. SW 与 UG 文件的转换借用。三维文件一般采用 iges 文件格式作为过渡格式。
2. 试着用自己的名字保存动画，看看结果如何，体验一下。

项目检测

1. SW 能够保存的文件格式有哪些？常用格式是哪几种？
2. 参数化绘图的含义是什么？
3. 怎样做到 SW 与 AutoCAD 文件互换？

项目 2　作图准备

【项目简介】

　　本项目是后续项目的基础准备，以后的项目制作中会用到本项目介绍的方法。本项目介绍了软件启动、调出命令到工具栏、改变绘图区背景色等操作方法，这些方法适用平面图形的绘制，也适用立体图形的建模，还有装配图形环境，视情况具体调用。

【项目目标】

1. 掌握工具栏的固定方法。
2. 掌握命令调用方法。
3. 能够改变绘图区的背景颜色。
4. 能够进行直线、圆等简单图形的绘制和保存。
5. 能够选择 3 个基本基准面绘制草图。

【项目导航】

　　作图环境要满足各种命令的使用方便性。其背景色，以保护眼睛为目的，还要看得清楚。

　　在环境里面操作，要适应环境、改造环境。使用者在环境基础上练习。最基础的条件就是过原点的 3 个基础平面，即前视基准面（主视图）、上视基准面（俯视图）、右视基准面（右视图）。右视图是从右向左看得到的图，跟机械制图上的左视图相反，所以拉伸实体时要注意改变拉伸方向。我们自身都有适应环境的能力。学会了技能，适应环境的能力会更强。作图环境的另一个基本组成就是草图命令。不常用但偶尔用到的命令，要调用出来，备用。立体制作时也要把立体命令（如筋板等）提前调用出来。在草图命令中学习调用，拓展了思维，用于立体制作，就是跨越式发展。

　　做完了准备工作后，要复习准备以前学过的基础课程的知识技能。从一个课本某个章节段落跳出来，到另一个课本能够应用就是真会了。

【项目实施】

1．打开软件

执行计算机屏幕左下角的"开始"→"所有程序"→"SOLIDWORKS 2016"→"SOLIDWORKS 2016 x64 Edition"命令，如图 2-0-1 所示。

图 2-0-1

软件启动后的界面如图 2-0-2 所示。或者双击桌面图标，启动后的初始界面如图 2-0-2 所示。单击"新建"按钮，如图 2-0-3 所示。将鼠标指针靠近图标出现文字说明，确定无误后再单击。

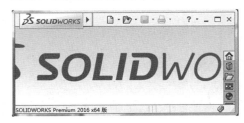

图 2-0-2

图 2-0-3

出现图 2-0-4 所示的界面，双击"零件"图标，或者单击"零件"再单击"确定"按钮，出现图 2-0-5 的主界面。

图 2-0-4

图 2-0-5

2．调出有用的工具命令

整理界面，为以后方便绘图做准备。单击 SolidWorks 图标右侧的向右箭头，如图 2-0-6 所示。

图 2-0-6

单击右边的图钉图标，如图 2-0-7 所示，图钉斜立起来，将"文件"→"帮助"任务栏目固定住了，如图 2-0-8 所示。

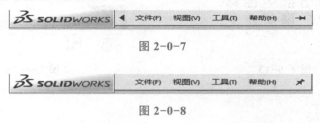

图 2-0-7

图 2-0-8

单击"视图"，如图 2-0-9 所示。

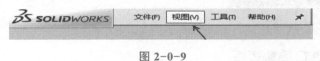

图 2-0-9

在图 2-0-10 所示下拉菜单中单击"工具栏"，单击下拉箭头，再单击"自定义"，如图 2-0-11 所示。在自定义对话框中单击"命令"，如图 2-0-12 所示。

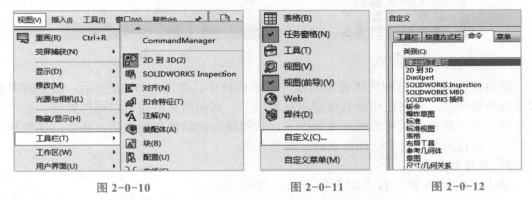

图 2-0-10　　　　　　　图 2-0-11　　　　　　　图 2-0-12

📟**注意**

要按照顺序操作。

选择"草图"（必要时向下拖动滑板后找到）后，出现草图绘制中用到的所有工具图标按钮，如图 2-0-13 所示。

选中图 2-0-14 中箭头所示图标（以延伸实体为例，该命令在刚安装好的软件初次使用时不出现在默认工具栏中，所以要让其出现），按住鼠标，拖动到工具栏相应的位置后释放，如图 2-0-15 所示，需要时一个图标可以放在两个位置，结果如图 2-0-16 所示。

图 2-0-13

图 2-0-14

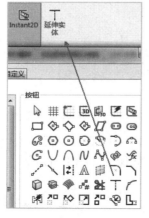

图 2-0-15

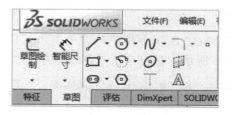

图 2-0-16

经过这些操作，延伸实体命令出现在草图栏目中，如图 2-0-16 所示。必要时需要激活命令管理器。将来使用时直接单击就可以了。其他图标按钮可以同样处理。经过几次拖拉，常用的命令就可以放在桌面上了，从而提高以后的作图效率。注意：这种拖放一般要放置在同类项目中。用不到命令时显灰色。

3. 改变背景色

单击"应用布景"右边的下拉箭头，如图 2-0-17 所示，出现许多可以选择的方案，单击"管理收藏夹"，如图 2-0-18 所示，选择自己喜欢的背景选项，然后单击"确定"按钮，如三点米色到三点绿色，如图 2-0-19 所示。回到主界面再单击"应用布景"右边

图 2-0-17

的下拉箭头，就会看到选中的三种背景出现在下拉菜单中，如图 2-0-20 所示，选择喜欢的颜色，如单白色。此时界面背景变化，成为白色背景，如图 2-0-21 所示。

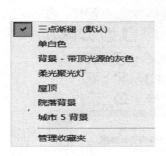

图 2-0-18

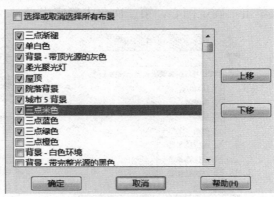

图 2-0-19

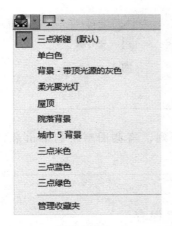

图 2-0-20

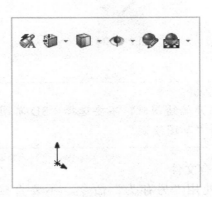

图 2-0-21

提示

绘图可以改变成任何一个背景色，软件提供的颜色都可以尝试。试一试可否用自己喜欢的某个背景呢？但要注意背景不要影响作图的准确。优先选择能保护眼睛的背景色。

4. 绘制基本图形

基本过程：先单击绘图基准面，如图 2-0-22 所示，再单击"草图绘制"按钮，如图 2-0-23 所示，然后选择命令，绘图，结束命令，确认绘图结果。如果绘制直线，先单击"直线"按钮（图 2-0-24、图 2-0-25），然后将鼠标指针移动到绘图区域，第一次单击，确定起点，第二次单击确定终点。再次单击"直线"按钮，取消绘制"直线"命令，结束直线绘制。

如果绘制中心线，单击"直线"图标右边的下拉箭头，出现"中心线"图标（图 2-0-25），单击它，其余同直线。绘制圆，单击 ，然后将鼠标移动到绘图区域，第一次单击，确定圆心，第二次单击确定半径。

图 2-0-22

图 2-0-23

图 2-0-24

图 2-0-25

提示

在刚开始绘图时，不要选择"3D 草图"，否则，有些图形绘制不出来。要返回重新选择"草图绘制"。

5．保存文件

建议使用"另存为"命令，不要直接单击"保存"（图 2-0-26）。同一个文件多次保存时，要加上序号，以示区别，这也是作图历史，用于将来备查，反思改进。

提示

提示 1：将"中心线"命令、"添加几何关系"命令，单独放置，利于快速作图。

提示 2：单击视图，单击"草图几何关系"可以显示或者不显示几何关系标记。

提示 3：界面设置各个版本都可以做。各个版本的常用操作变化不大。

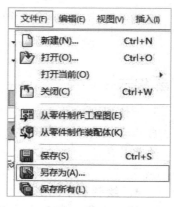

图 2-0-26

6．改变字体

默认是长仿宋体，但有时需要改为其他字体，如宋体，单击屏幕上边小齿轮图标，出现"系统选项"页面，但发现下边的"确定、取消、帮助"点不中，如图 2-0-27 箭头所示。

图 2-0-27

这时先把任务栏解锁。在任务栏单击鼠标右键，出现图 2-0-28 所示的界面，将"锁定任务栏"前的对钩去掉。结果如图 2-0-29 所示。

然后单击选项图标，单击"文档属性"，选中"注解"，如图 2-0-30 所示，单击"字体"按钮，如图 2-0-31 所示，出现新界面，将字体换成宋体，如图 2-0-32 所示，单击"确定"按钮。

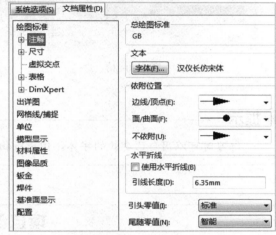

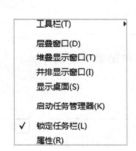
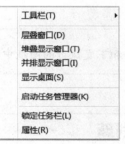

图 2-0-28　　　　　　　　　　图 2-0-29　　　　图 2-0-30

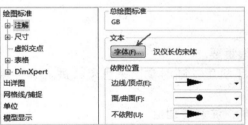

图 2-0-31

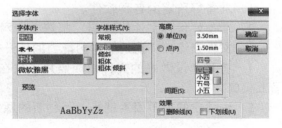

图 2-0-32

将文档属性中的"尺寸"项做改变，执行"尺寸"→"字体"→"宋体"命令，单击"确定"按钮，如图 2-0-33 所示。

将表格中用到的字体也改为宋体，如图 2-0-34 所示。

以上改变字体的方法，根据情况灵活使用，有时仅仅改变尺寸中的字体。这种改变字体的方法，是临时性的，机房关机重启后又会恢复默认字体，需要重新操作一遍。

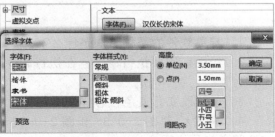

图 2-0-33

还有一个简单的方法，就是在制作立体图形的过程中，在标注尺寸时，选择"其他"，把"使用文档字体"前的对钩去掉，再单击"字体"按钮，选择"宋体"即可，如图 2-0-35 所示。这个方法改变的是一个尺寸的字体。

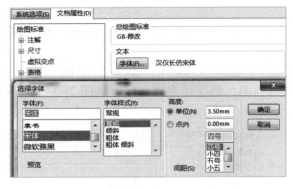
图 2-0-34

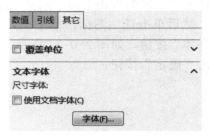
图 2-0-35

⌨ 提示

练习时可以用自己喜欢的字体，但出版物和下发执行的图纸中要用国家规定的字体。

项目创新

1. 准备好所需的各种软件。

2. 准备好保存文件的 U 盘、邮箱或者网盘。

3. 文件交流。交流对于学习能力的提升很重要。

4. 将某个没做好的文件拍成照片，放在手机里，随时拿出来思考改进。有了想法马上实施。

5. 生活中的很多因素就是自己创新的源泉，注意整理。

项目检测

1. 启动软件的两种方法是什么？

2. 绘图前需要执行命令，在执行命令前需要单击什么？

3. 怎样改变背景色？怎样调用各种命令？

4. 学着绘制图 2-0-36 和图 2-0-37 的草图。注意圆心与原点重合。

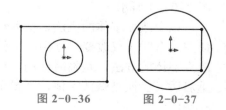
图 2-0-36　　　图 2-0-37

项目 3　三维造型常用命令的运用

【项目简介】

SolidWorks 的命令有很多，本项目结合具体实例，介绍几种常见的命令：拉伸命令、旋转命令、拉伸切除命令、扫描命令、旋转缩放命令、抽壳命令、阵列命令、镜像命令，还涉及几何关系、正视于、等轴测等几个概念，目的是先熟悉简单的操作，为以后熟练操作做准备。三维图形的制作成功会为初学者带来成就感和进一步学习的兴趣和动力，为此本项目准备了七个简单的实例以及一节创新说明。

【项目目标】

1. 掌握常见命令的使用方法。
2. 学会添加几何关系。
3. 学会镜像命令、学会从不同角度观察实体。
4. 学习简单上色，渲染产品。

【项目导航】

命令是操作软件的工具，人们的操作意图需要通过命令的方式来让软件执行。软件需要知道要做什么，要具备哪些条件，做出的实体在哪个面上形成，这些基础条件需要通过鼠标来告诉软件。所以操作时要注意软件的提示，就是特征栏中变颜色的地方就是提问使用者要告诉软件的基本内容。如果不按照它的提示做，就要告诉是哪个方面哪个因素，两者对应起来就可以。操作熟练后就可以改变顺序，得到同样的结果。

那么，整体课程安排是命令（教学计划的命令）的体现，掌握课本技能，将来就会有很大收获。

命令越多，做的事就越多。命令多少也是衡量软件功能的一个方面。业余时间多掌握几个命令，自己的能力也会增强。所以听从命令是增强能力的重要一环。

任务 3.1　运用拉伸命令

■【任务描述】

用拉伸命令，创建如图 3-1-1 的模型。注意，具体尺寸的数值是次要的。

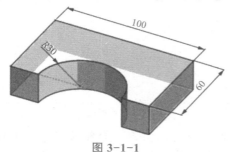

图 3-1-1

拉伸命令操作
视频（1）

■【任务分析】

拉伸凸台命令是创建实体的最常用命令之一。在特征栏内可以找到该命令。

SW 2016 的操作与 SW 2008 相同，只是界面略有变化，为了保留原教材的特色，也为了让用老版本的用户能够继续容易理解和掌握 SW 的技能，文中保留了部分 2008 版的界面。新界面在上一项目中做了明确的交代。新用户注意区别使用。

■【知识准备】

1．能在工具栏的"草图"栏中找到命令，会绘制矩形圆等基本的草图。

2．能将工具栏切换到"特征"找到"拉伸凸台"命令。

3．会用"智能尺寸"命令标注图线的尺寸，也就是参数化绘制图形。

4．如果其他软件中用到过这些命令的使用，操作起来会方便些。没有用过的可以提前练习使用一下这些命令。开始学习的困难之一是命令找不到，不知道在哪里找。提前熟悉一下将有助于学习。

■【任务实施】

（1）启动软件，执行"新建"→"零件"→"确定"命令，如 图 3-1-2 所示。选择"上视基准面"，进行草图绘制，如图 3-1-3 所示。

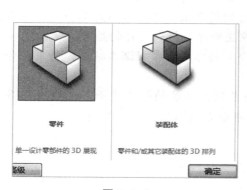

图 3-1-2　　　　　　　　　　　　　　　　　图 3-1-3

一定先单击"绘图基准面"，然后单击"草图绘制"，否则将来会出现意想不到的问题，导致重新再做一遍，耽误时间。

📠 **提示**

基准面的图框位置可以拖动，默认位置是原点在方框中心。具体操作时按照默认即可。

（2）执行"矩形"命令（默认是边角矩形），如图3-1-4所示，绘制矩形，在屏幕上单击，再拖动鼠标指针到对角线方向适当位置单击，确认对角点位置，出现矩形。标注尺寸。单击"智能尺寸"按钮，如图3-1-5所示，单击要标注的线，出现尺寸修改对话框，在框中输入需要的尺寸"100"，如图3-1-6所示。单击对号，或者按Enter键，尺寸确定下来，在屏幕空白处单击确定。尺寸60的线同样处理。结果图形如图3-1-7所示。

图 3-1-4

图 3-1-5

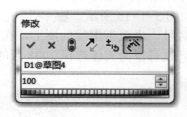

图 3-1-6

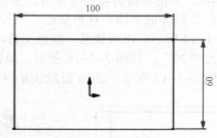

图 3-1-7

📠 **提示**

操作过程中尺寸数字（如60）头向哪里暂时不用管，会变化的。

（3）执行"添加几何关系"命令，如图3-1-8所示，单击矩形下边线和原点，再单击中点，再单击对号确认，如图3-1-9所示。结果图形变形，如图3-1-10所示。同样的原理，添加100的直线段水平几何关系，都变竖直了，图3-1-11所示。

图 3-1-8

📠 **提示**

这种变形不一定每次都出现。哪个变形就添加应该具有的几何关系。一般来说，分次添加几何关系，一个几何关系添加完毕，单击对号确认后，再添加另一个关系。

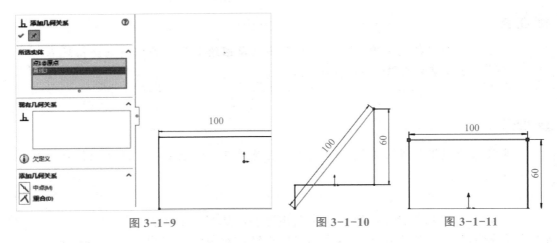

图 3-1-9　　　　　　　图 3-1-10　　　　　　　图 3-1-11

（4）绘制半圆：先绘制整个圆，单击"圆"按钮 ⊙ ，单击原点，拖动鼠标指针，输入尺寸 60，如图 3-1-12 所示，再裁剪成半圆，如图 3-1-13 所示。这里的数字的字体是仿宋体，线条颜色发生变化，正常。

裁剪的方法：先单击"裁剪实体"按钮 ⊠ 剪裁实体(T) ，选择 ╬ 剪裁到最近端(T) ，单击要裁剪掉的线即可。出现提示时，单击确认。

（5）拉伸成实体：在特征栏，执行"拉伸凸台"命令，如图 3-1-14 所示，出现预览，颜色变黄，如图 3-1-15 所示。输入深度"20"，如图 3-1-16 所示。单击对号，出现带虚线的图形，在空白处单击，结果如图 3-1-17 所示。2016 版默认是白色，也可以为实体选择 2008 版的默认颜色。

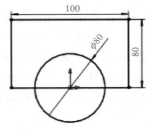

图 3-1-12

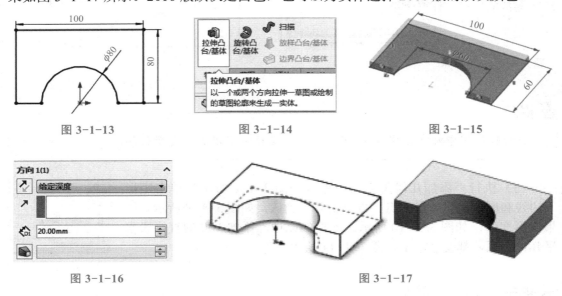

图 3-1-13　　　　　　　图 3-1-14　　　　　　　图 3-1-15

图 3-1-16　　　　　　　　　　　　图 3-1-17

（6）保存文件：执行"文件"→"另存为"命令，如图 3-1-18 所示。然后输入文件名，如图 3-1-19 所示，单击"保存"按钮。注意保存在容易找到的文件夹里。文件夹可以隐藏，可以浏览。

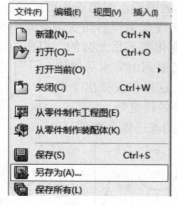

图 3-1-18

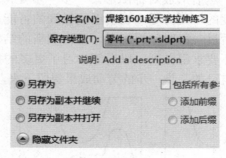

图 3-1-19

创新思维训练：

学习了一个指令，做完了一个实体，工作还没有完成，要在此基础上做出自己的东西来，坚决不能只做模仿者，还要做个超越者。

创新从改变开始，从小处开始。一点点积累而成。下面给出几个提示，试着做一做。做不出来也不要气馁。有了意识，就有了创新的基础。

最简单的改进是修改尺寸。或者整体成比例改，或者局部改进。如将圆的尺寸改为50、25、80 等，然后改变触及的其他尺寸。

【创新提示 1】　绘制如图 3-1-20 所示的图形，拉伸结果与图 3-1-1 对比。

【创新提示 2】　绘制如图 3-1-21 所示的图形，然后裁剪成图 3-1-22 所示的图形，然后拉伸凸台，并对比。

【创新提示 3】　绘制如图 3-1-23 和图 3-1-24 所示的图形，然后拉伸凸台，并对比。

【创新提示 4】　根据如图 3-1-25 所示的图形，做出图 3-1-26 所示的图形。图中的线段指示拉伸方向。

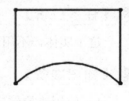

图 3-1-20

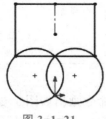

图 3-1-21

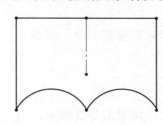

图 3-1-22

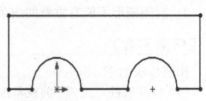

图 3-1-23

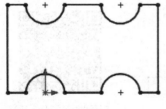

图 3-1-24

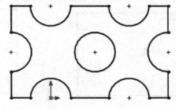

图 3-1-25

图 3-1-26

【创新提示5】 从图 3-1-27 到图 3-1-31 所示的图形，图形逐步形成的过程看懂，并做一做。圆心由边线中点逐渐向内部移动，竖直切线变为倾斜切线，空间中又形成小的草图，然后形成对称图形。一步一步变化。这种变化似乎是无穷的，但在一定条件下是有限度的，要穷尽一切自己能做到的可能，把自己逼到山穷水尽的地步。然后过一段时间再思考，又出现新的结构形式。这里仅仅提出个思路来，不要求都做到。以后等学习了更多的技能后会做得更好。

把自己的一步一步的劳动成果保留下来，为以后的改进做个准备。

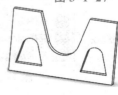

图 3-1-27

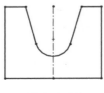

图 3-1-28

图 3-1-29

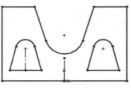

图 3-1-30

图 3-1-31

任务 3.2 运用旋转命令

■【任务描述】

创建如图 3-2-1 所示的实体：尺寸不限，相对关系要保持。

■【任务分析】

这个实体，不用两次拉伸，用 1 次旋转做出。其目的是使用"旋转实体"命令。

■【知识准备】

1．使用"旋转实体"命令时，需要一个封闭的图形和一个旋转轴。旋转轴可以是实线、虚线、点画线等。

2．封闭图形不能有重叠的线条。尽量不要有多余的线条。

■【任务实施】

作图步骤如下：

（1）打开软件，选择"前视基准面"，如图 3-2-2 所示，用直线命令画出如图 3-2-3 所示的图形，画出线段的相对位置关系即可，具体尺寸不要求太严格，一般从原点开始绘图，这样可以利用原点的特点，将来会看到这样做的好处。

图 3-2-1

图 3-2-2

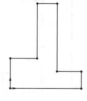

图 3-2-3

旋转命令制作视频

（2）执行"旋转"命令：在特征栏内找到该命令，如图 3-2-4 所示，执行该命令，出现对话框，注意左边向下箭头所指的框，这里选择旋转轴，不要乱点图线，分析哪条线是旋转轴才能单击那根线（图 3-2-5）。在弹出的画面中单击向左箭头所指的直线（通过坐标原点），它成为旋转轴线。出现预览图形（图 3-2-6）。单击对号确认、结果如图 3-2-1 所示。若要旋转视图，在空白处单击鼠标右键，弹出快捷菜单如图 3-2-7 所示。单击"旋转视图"，按鼠标左键拖动即可（图 3-2-8）。再次执行"旋转视图"命令可以取消命令。

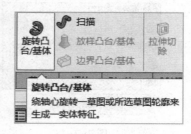

图 3-2-4

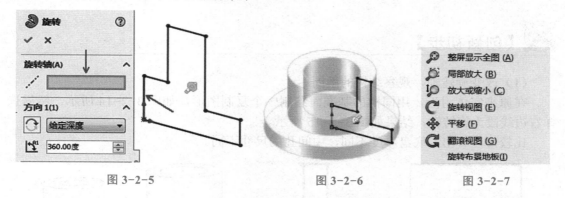

图 3-2-5　　　　　　　图 3-2-6　　　　　　　图 3-2-7

（3）上色：执行"编辑外观"命令，单击上色的面，选择合适的颜色即可，如图 3-2-9、图 3-2-10 所示。上色通过屏幕区或者执行"视图"→"工具栏"→"自定义"→"标准"→"编辑外观"命令来实现。

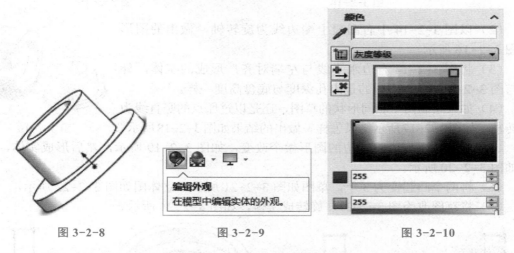

图 3-2-8　　　　　　　图 3-2-9　　　　　　　图 3-2-10

软件默认整个实体上同样的颜色。单击图 3-2-11 左侧上数第二个图标，再单击实体的某个面，然后选择颜色，确认。

（4）其他面同样处理，如图 3-2-12、图 3-2-13 所示。中间底面可以设置为绿色，顶面为蓝色，底板上表面为黄色。旋转观察，这也是一个检查核对的过程，要养成经常检查的习惯。确认无误后保存文件。

图 3-2-11

图 3-2-12

图 3-2-13

【创新初步】

（1）改变旋转轴，观察结构的不同。

在原来实体附近，用同样的基准面绘制一个复制图形，如图 3-2-14 所示，然后选择右边线段为旋转轴，结果如图 3-2-15 所示。

比较可以看出，底盘厚度不同，中间孔的尺寸不同。

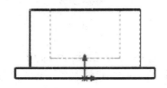

图 3-2-14

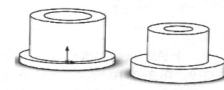

图 3-2-15

（2）以图 3-2-14 中右图最上端边线为旋转轴，做出的图形如图 3-2-16 所示。

（3）将图 3-2-14 右边水平线与左端对齐，形成的实体，外形与图 3-2-1 一样，不同的是内孔深度与底盘高度一样。

（4）如果绘制两个相同形状的草图，还是以过原点的竖直线为旋转轴，如图 3-2-17 所示结果怎样？做出的结果如图 3-2-18 所示。

图 3-2-16

（5）旋转轴不变，将右边的图形做个改变，如图 3-2-19 所示，然后形成实体，结果如图 3-2-20 所示。

（6）将两个凸起变为 3 个，草图如图 3-2-21 所示，立体图如图 3-2-22 所示。

（7）将草图改为图 3-2-23，旋转成实体，如图 3-2-24 所示。

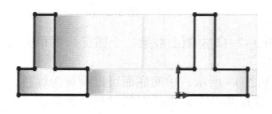

图 3-2-17

图 3-2-18

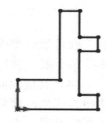

图 3-2-19

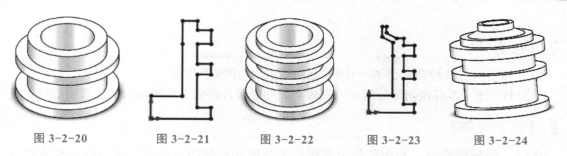

图 3-2-20　　　　图 3-2-21　　　　图 3-2-22　　　　图 3-2-23　　　　图 3-2-24

（8）将细节进行修整，就是一个矿泉水桶了，如图 3-2-25，图 3-2-26 所示。进行倒圆角，圆角处如图 3-2-27 中阴影部分所示。

（9）将底部水平线平齐，然后顶部形成一个下凹的部位，如图 3-2-28 所示，利于手搬，结果如图 3-2-29 所示。

（10）改进是不断地，还会有更多的细节出现，永无止境。

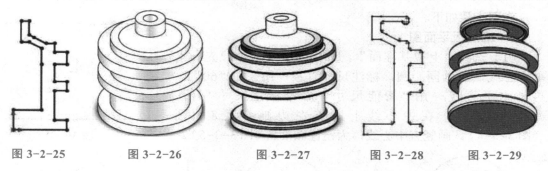

图 3-2-25　　　　图 3-2-26　　　　图 3-2-27　　　　图 3-2-28　　　　图 3-2-29

任务 3.3　运用拉伸切除

【任务描述】

创建如图 3-3-1 所示的模型。

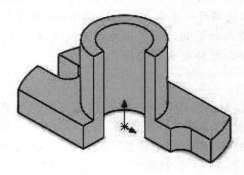

图 3-3-1

拉伸切除命令操作视频

■【任务分析】

拉伸切除与拉伸凸台是不一样的，注意在操作中区别理解。

分析：这个零件由两部分组成，先做下面的底板，再做上面的圆筒，注意中心对正。

■【知识准备】

（1）底板形成后，利用底板上表面作为基准面，绘图再拉伸。这是借用实体已有表面的方法，要学习并掌握。原来没有实体时，只能借用已有的三个基准面，有了实体后，任何一个平面都是可以作为基准面的。

（2）底板的草图，用到镜像、相切关系等。

■【任务实施】

作图步骤如下。

1. 画底板平面图

（1）选择"上视基准面"，如图 3-3-2 所示。先画水平中心线，后画同心圆，标注尺寸直径"16"和"60"，再画水平直线，用"智能尺寸"命令标注尺寸"16"（图 3-3-3）。 在中心线上原点左边画直径 8 的圆（图 3-3-4）。画竖直中心线，为镜像做准备（图 3-3-5）。

图 3-3-2

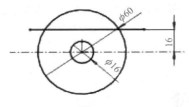　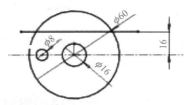　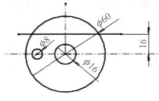

图 3-3-3　　　　　　图 3-3-4　　　　　　图 3-3-5

📟 **提示**

提示 1：结束一个命令，可以采取再次执行该命令的方法。画了中心线再画圆，用了两个命令，需要结束前一个命令，在使用后一个命令。也可以按 Esc 键退出命令。

提示 2：中心线画得长短对绘图没有大的影响，还可以拖动来改变其长度。

提示 3：标注尺寸都用智能尺寸命令，软件会自动选择。

（2）镜像，先单击 ▷◁ **镜向实体** 按钮，在对话框中进行选择，镜像点栏与竖直中心线对应，要镜像的实体，选择 φ8 的圆，右边的小圆是预览图形（图 3-3-6），单击对号确认。标注尺寸 44，执行"智能尺寸"命令，单击两个圆弧，输入尺寸 44 即可。结果如图 3-3-7 所示。画箭头所指的切线（图 3-3-8）。镜像直线，同时镜像圆的切线和上边水平直线（图 3-3-9）。

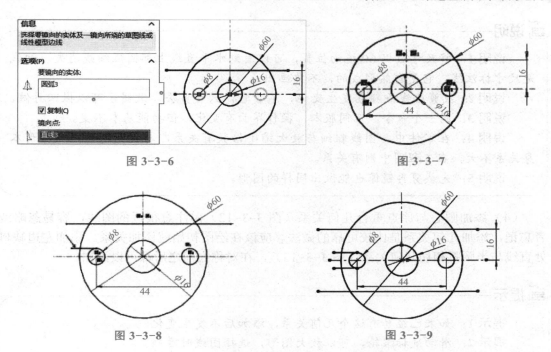

图 3-3-6　　　　　　　　　　　　　　　　图 3-3-7

图 3-3-8　　　　　　　　　　　　　　　　图 3-3-9

提示

提示 1：在单击竖直中心线前先单击左侧特征栏的镜像点方框，整个方框变成蓝色后再单击竖直中心线。

提示 2：镜像点、镜像图形谁先谁后单击都可以。但要注意执行特征栏相应的命令时做好对应。

提示 3：这里的数字是软件自动确定的数字，跟自己的操作有关系，可以不用管它，具体对象选择正确即可。

提示 4：中心距"44"，也可以单击两个圆心来标注，这里的操作是单击圆弧，默认也是中心距尺寸。与后面标注两个圆弧最远距离的操作相对应。要学会利用圆弧来标注。

（3）再次镜像（对称），镜像左边圆的两条切线，这样可以快速作图（图 3-3-10）。裁剪多余线段（图 3-3-11）。注意，要单击最下边的选项"裁剪到最近端"，点击要裁剪掉的线段。

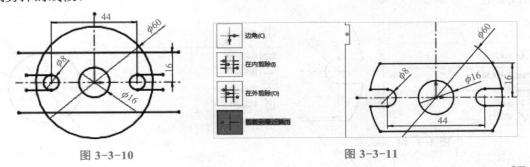

图 3-3-10　　　　　　　　　　　　　　　　图 3-3-11

说明

> 说明1：将尺寸数据60拖动位置，可以看到水平直线上部圆弧细线消失，细线是尺寸标注线。它是自然形成的，不要画出。
>
> 说明2：裁剪后线条颜色发生变化，不管它，只管剪去。做错了可以撤回再做。
>
> 说明3：同一个命令，不同版本，操作界面有变化，但功能基本不变。
>
> 说明4：在零件中，图线粗细与放大缩小倍数有关系，与视觉有关，与图形本身关系不大，在工程图中则有关系。
>
> 说明5：先裁剪再镜像也能做出同样的图形。

（4）添加圆心与原点重合几何关系（图3-3-12），注意很近的图线，容易忽略或者忘记，添加几何关系是比较可靠的做法。应该在绘图初始就添加关系。添加左边缺口处直线与半圆弧相切几何关系（图3-3-13），在对称之前之后都可以添加。

提示

> 提示1：如果已经具有这个几何关系，添加后不发生变化。
>
> 提示2：滑动鼠标滚轮，可以放大图形，选择图线时准确。
>
> 提示3：仿宋体的数字6和8很相似，注意区别。
>
> 提示4：添加几何关系后及时确认。
>
> 提示5：几何关系可以删除。

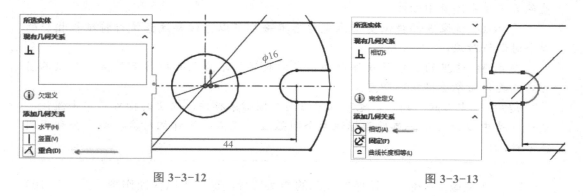

图 3-3-12   图 3-3-13

（5）添加几何关系，使得上边直线处于水平位置（图3-3-14）。添加关系使得中心线竖直（图3-3-15）。

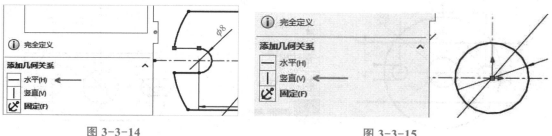

图 3-3-14   图 3-3-15

（6）添加水平关系，使得下边横向直线处于水平位置，确定其他直线（图3-3-16），标注尺寸32，完全定义草图（图3-3-17）。

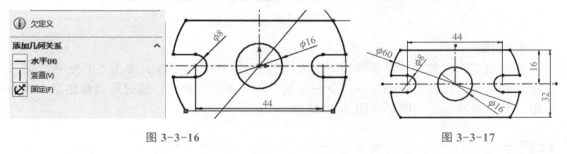

图3-3-16　　　　　　　　　　　图3-3-17

2．拉伸凸台实体

在特征栏找到"拉伸凸台"命令，输入合适深度，如8毫米（图3-3-18）。拉伸结果如图3-3-19所示。

3．画圆筒草图

单击零件实体上表面，不是单击上视基准面，执行"正视于"命令（图3-3-20）。整个底板正对自己，画同心圆直径分别为16和24（图3-3-21）。注意不要漏下直径16的圆，否则形成的就是圆柱实体，不是圆环实体。拉伸凸台，深度22（图3-3-22），确认。

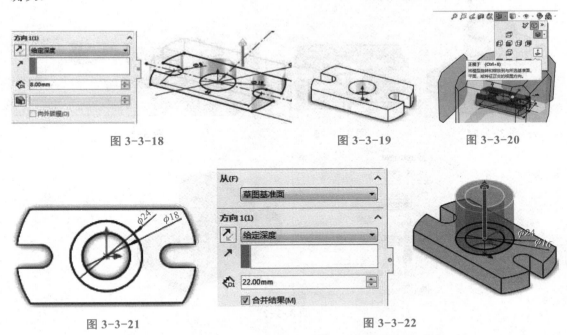

图3-3-18　　　　　　　　图3-3-19　　　　　　图3-3-20

图3-3-21　　　　　　　　　　图3-3-22

> **提示**
>
> 　　为了以后的使用方便，将"正视于"命令调出，放在工具。顺次执行"视图"→"工具栏"→"标准视图" 标准视图(E) 命令，整个栏目图标就出现了（图3-3-23）。

图 3-3-23

4．切割

画切割草图，首先选择顶端圆环面为绘图平面（图 3-3-24），单击"正视于"图标，这样作图准确。执行"草图"→"草图绘制"→"矩形"命令，通过原点画矩形，大小不限，要包括四分之一图形（图 3-3-25）。

> **提示**
>
> 绘制图形时需要在"等轴测"和"正视于"视图之间来回切换，以便准确定位草图位置。

5．拉伸切除

在特征栏选择命令（图 3-3-26），深度为完全贯穿，然后确认（图 3-3-27）。注意：旋转一定角度观察无误后切除，单击对号后结果如图 3-3-27 所示。执行"等轴测" 命令中的任何一个观察，结果如图 3-3-1 所示。

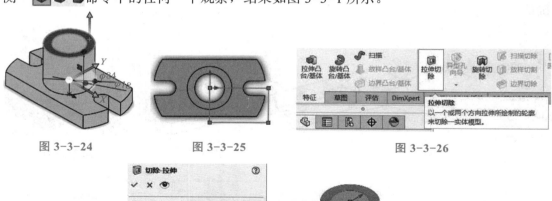

图 3-3-24　　　　　　图 3-3-25　　　　　　图 3-3-26

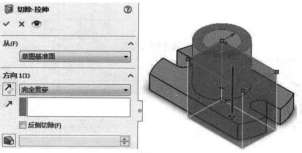

图 3-3-27

> **提示**
>
> 提示 1：如果选择底板上表面为绘图平面，绘制直径矩形，切除时要选择左边特征栏"方向 2" **方向 2(2)** 并确定合适深度，才能实现同样的目标，否则只是切除了底板，没有切除上边的圆筒。

提示 2：在作图时多看一步或者本段任务结束时的图形，做到心中有数。

提示 3："拉伸切除"跟"拉伸凸台"不是一个命令，注意区别。

6．保存文件

按前述步骤保存文件。

【创新初步】

（1）改变参数。将 $\phi 60$ 改为 $\phi 50$，看看图形结构怎样，有什么问题如图 3-3-28 所示。

（2）将 $\phi 50$ 与 $\phi 8$ 交接处圆滑处理如图 3-3-29 所示。

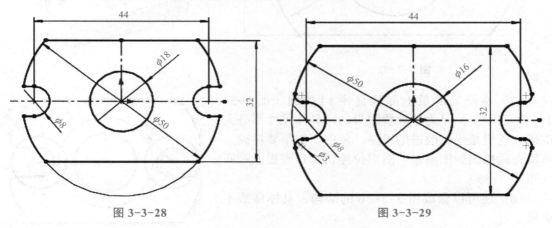

图 3-3-28　　　　　　　　　　　　　图 3-3-29

（3）看起来有点拥挤，试将 44 改为 34（图 3-3-30）。

（4）将直径 24 的圆画上代表圆筒子，看看情况怎样（图 3-3-31）。

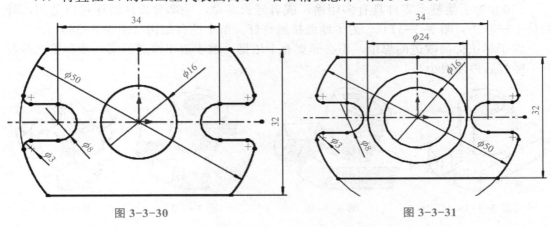

图 3-3-30　　　　　　　　　　　　　图 3-3-31

（5）$\phi 8$ 的圆弧与 $\phi 24$ 的圆弧靠得太近。试将尺寸 34 增大到 40。思路：假如直径 8 毫米处放置螺母，螺母尺寸大于螺栓尺寸，间隙能够放得下螺母才行。增大尺寸后的图形如图 3-3-32 所示。

（6）假如还用 34 作为距离尺寸，改动其他地方。先拉伸实体，形成圆筒后的结果如图 3-3-33 所示。

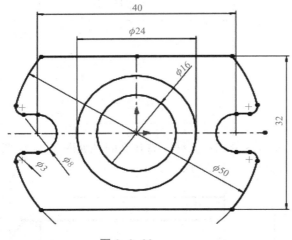

图 3-3-32

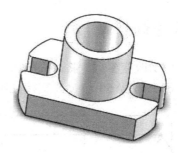

图 3-3-33

（7）在圆筒的最上部画直径 14 的圆（图 3-3-34），这个空间是为了放置螺母的，具体尺寸不必太准确。这里是强调改进的思路、依据。如果要精确，可以查阅机械制图附录。然后拉伸切除到底板上端面（图 3-3-35）。

（8）还可以做成图 3-3-36 的结构。具体做法不难做。

（9）每一步的改进尽可能有一个课本知识点的来源。不至于乱改。

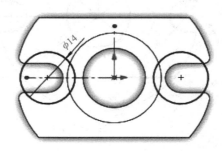

图 3-3-34

（10）为了使整个零件具有多用途，或者延长寿命，一部分损坏时还可以急用，阵列是个好办法（图 3-3-37）。为了地面接触良好，留个凸台结构（图 3-3-38）。

为了尽快提高改进的思维，不必非要有个依据。敢于迈出改进的第一步和第二步，有了经验后再谨慎小心。

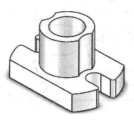

图 3-3-35

图 3-3-36

图 3-3-37

图 3-3-38

任务 3.4　运用扫描命令

■【任务描述】

创建如图 3-4-1 所示的模型。

图 3-4-1

扫描命令操作视频

■【任务分析】

模型是对称实体，只要做出一半，其余用镜像做出即可。作图的关键是做出两个独立的草图：一个是轮廓草图；一个是路径草图。特征栏里有了两个独立的草图才能扫描。

扫描，在有些软件中叫扫掠。路径可以是单一的直线，也可以是直线和圆弧，两者一般是相切的关系。有时候近似相切也可以扫描成实体。如果要形成封闭的实体，需要两次扫描。

■【知识准备】

（1）直线命令的多次使用，熟练时可以一次绘制所有线段。标注尺寸的方法。

（2）镜像草图，需要有镜像线，可以是直线、虚线、中心线等。要镜像的线与镜像线连接，不要超越，超越的要裁剪。

■【任务实施】

作图步骤如下。

1．启动软件

新建零件，选择前视基准面为绘图平面。

2．用直线命令画出一半图形

如图 3-4-2 所示，用"直线"命令画出一半图形，然后标注尺寸（图 3-4-3）。

添加几何关系使得左上端点与中心线为重合几何关系（图 3-4-4）。

添加几何关系使得左下端点与中心线为重合几何关系，结果如图 3-4-5 所示。

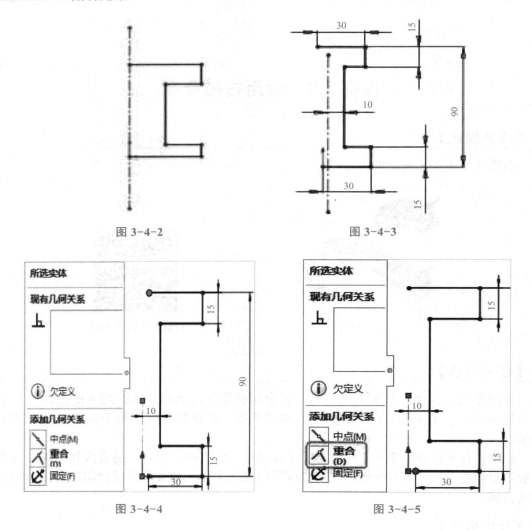

图 3-4-2   图 3-4-3

图 3-4-4   图 3-4-5

⌨ **说明**

　　图中的中心线比较短，不影响作图，实际图纸却不能这样。

3．镜像形成另一半

　　先执行"镜像"命令，顺次单击各个线段，操作方法如图 3-4-6 所示，镜像结果，如图 3-4-7 所示。如果在操作过程中出现问题，使得中心线跟原点脱离，添加几何关系使得中心线过原点（图 3-4-8）。

⌨ **注意**

　　注意 1：原点在下边线中点是很重要的一步，否则，后面还要回来改动，会很麻烦。
　　注意 2：扫描要顺利完成，原点至少在下边线上。

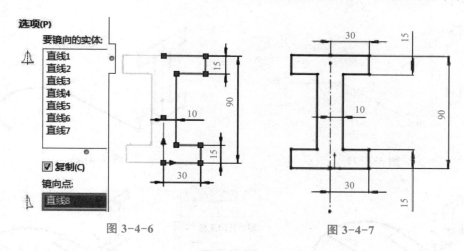

图 3-4-6

图 3-4-7

4．画扫描路径

（1）先退出草图，方法是单击屏幕绘图区右上角的拐角对号图标 ，或者是执行草图工具栏中的"退出草图" 命令，看到特征栏里有了"草图1"标记 ，再单击"等轴测"图标，结果立体显示如图 3-4-9 所示。这是一个操作技巧，在等轴测观察还可以起到准确定位的作用。

（2）单击"上视基准面"，绘制草图（图 3-4-10）。出现图 3-4-11 所示的画面，灰色线条说明是退出上次的草图了。如果不是灰色的线条，说明操作不正确。

📇 **提示**

如果不小心退出草图了，可以单击鼠标右键，在弹出的快捷菜单中单击"编辑草图"按钮 ，然后进入草图编辑环境。

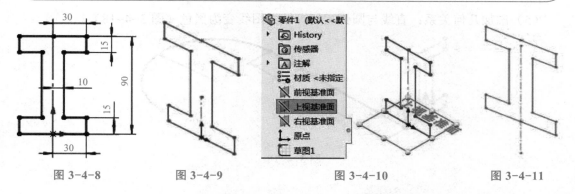

图 3-4-8   图 3-4-9   图 3-4-10   图 3-4-11

（3）执行"直线"命令，过右下角点画一条直线，将鼠标指针移出（图 3-4-12），然后拉回到直线的终点，再移出去，就出现圆弧指示（图 3-4-13），单击确定（如果画不出直线，就再次单击"上视基准面"后再画就可以了）。标注圆弧半径"R80"，标注直线段尺寸"204"（图 3-4-14）。

（4）标注尺寸后，直线移动了位置（图 3-4-14），所以添加几何关系使得长度 204 的直线与 I 形右下角点重合（图 3-4-15）；直线左端点与 I 形右下角点重合（图 3-4-16）；直线与 I 形底边直线垂直（图 3-4-17）。

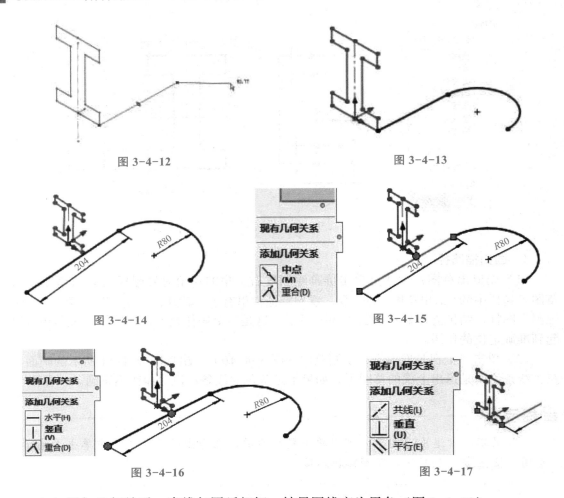

图 3-4-12　　　　　　　　　　　图 3-4-13

图 3-4-14　　　　　　　　　　　图 3-4-15

图 3-4-16　　　　　　　　　　　图 3-4-17

（5）添加几何关系：直线与圆弧相切，结果图线变为黑色（图 3-4-18）。

图 3-4-18

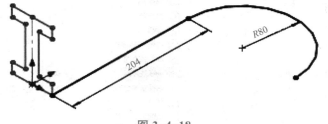

说明

　　以上的几何关系不一定要全部添加，因人、因操作而异。

5．保存文件

　　建议：在作图过程中不超过 10 分钟就应该保存一次文件，避免意外损失。

6. 扫描成实体

退出草图，单击绘图区右上角的带箭头图标（图3-4-19）。找到扫描命令（图3-4-20）。单击箭头所指的黑三角展开零件（图3-4-21）。执行扫描命令后，软件自动默认选择扫描路径，路径框变为蓝色。将鼠标放在特征树里的草图1上，出现草图的预览，然后单击确定扫描轮廓（图3-4-22）。

图3-4-19

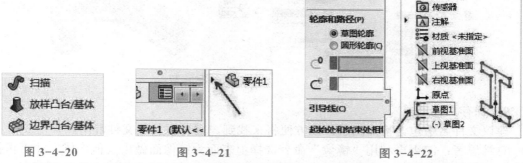

图3-4-20　　　　　图3-4-21　　　　　图3-4-22

选择如图3-4-23所示的扫描路径，确定后出现预览图（图3-4-24），单击对号确认退出，结果如图3-4-25所示。

⌨ **说明**

轮廓选择完毕后，软件自动让选择路径。注意图中线框显示的位置。

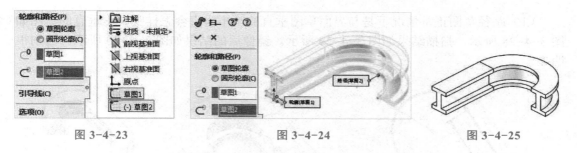

图3-4-23　　　　　　　　图3-4-24　　　　　　　　图3-4-25

7. 保存文件

⌨ **注意**

每做成一个阶段性或者独立性图线就要保存一次文件。

⌨ **说明**

说明1：圆弧半径越大，扫描越容易成功。一个草图是无法扫描的。

说明2：思考可否将草图2画成螺旋线或者其他平面曲线而扫描成功。

8. 镜像实体

在特征里面找到命令（图 3-4-26）。单击零件名称前面的加号，展开零件，选择镜像用的对称面（右视基准面），然后选择扫描 1 为要镜像的特征，出现预览（图 3-4-27）。确认后结果文件如图 3-4-1 所示。

图 3-4-26   图 3-4-27

9. 保存文件

建议文件名中包含特征因素，以方便将来找到，避免跟其他文件混淆。

总结思考：能否再利用"镜像"命令选择上表面为镜像面做出其他形体？能否再镜像？能否将 I 形截面改为其他形状（五边形）而扫描成功？能否利用右边结尾段的 I 形状再延伸扫描？路径与截面的交点在中间、在上面可以吗？扫描与拉伸结合能做出什么来？

【创新初步】

（1）路径草图正常情况下是与界面草图垂直的，不垂直会怎样呢？不垂直的草图如图 3-4-28 所示，扫描结果如图 3-4-29 所示。镜像后的结果如图 3-4-30 所示。区别很明显。

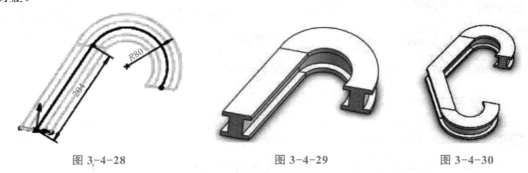

图 3-4-28   图 3-4-29   图 3-4-30

（2）我们把路径草图再延伸一下，如图 3-4-31 所示，重点是中间的线，两边是轮廓线，扫描结果如图 3-4-32 所示。镜像结果图 3-4-33 所示，从图中看出，收尾快连接起来了。我们连接起来，也就是封闭的立体结构。

（3）将路径末端与原点平齐，如图 3-4-34 所示，扫描后再镜像的结果如图 3-4-35 所示。

（4）既然第三步能完成，再把路径弯曲一下，应该也可以，这个思路就是创新的源泉，想到就做到。路径图如图3-4-36所示，结果如图3-4-37所示。

（5）前面几个新品是路径有规则的，那么路径是样条曲线，也可以尝试。路径如图3-4-38所示，结果如图3-4-39所示。

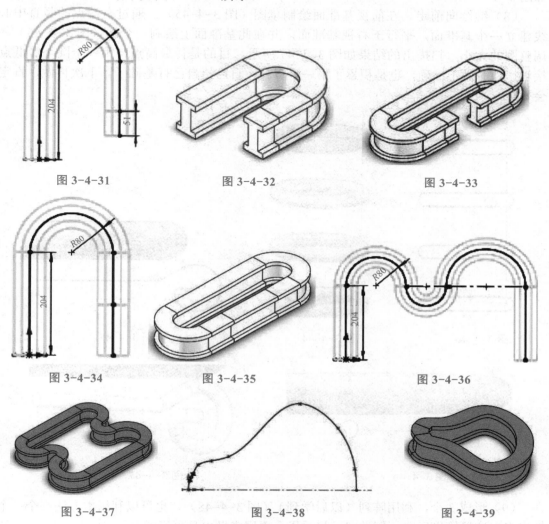

图3-4-31　　　　　　　　　图3-4-32　　　　　　　　　图3-4-33

图3-4-34　　　　　　　　　图3-4-35　　　　　　　　　图3-4-36

图3-4-37　　　　　　　　　图3-4-38　　　　　　　　　图3-4-39

（6）界面是圆，路径是圆，结果是怎样的呢？我们试一下，在前视基准面绘制圆，如图3-4-40所示，在上视基准面绘制路径草图，两者的关系如图3-4-41所示，结果如图3-4-42所示。

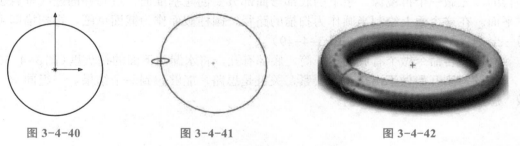

图3-4-40　　　　　　　　　图3-4-41　　　　　　　　　图3-4-42

（7）既然能做出一个圆环来，我们可不可以多做几个。试验一下。

在前视基准面绘制 4 个一样大小的圆，与第一个圆环的截面圆一样大。退出草图，路径借用第一个圆环的路径，同时扫描出 4 个圆环（图 3-4-43）。上色显示后的结果如图 3-4-44 所示。

（8）继续向前走。在前视基准面绘制草图（图 3-4-45）。通过右端点的竖直中心线建立一个基准面，平行于右视基准面，并在此基准面上绘制一个圆（图 3-4-46）。调整圆的大小，扫描出的结果如图 3-4-47 所示。目的是让最高点与第一个圆环最低点接触。暂时做不准确，也是积累了第一手资料，自己给自己打基础了。下次再做，肯定会好。

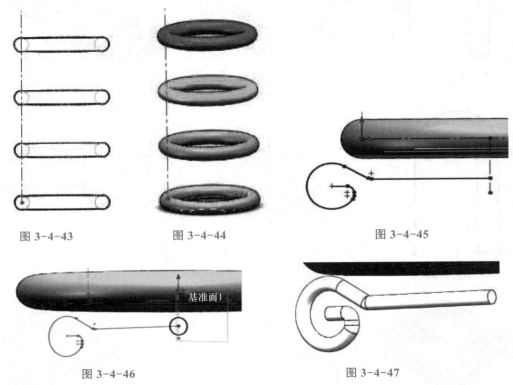

图 3-4-43   图 3-4-44   图 3-4-45

图 3-4-46   图 3-4-47

（9）形成 3 个，利用阵列（以后学到）（图 3-4-48），也可以利用本办法一个一个做出来。这里给出思路，等学完了相关指令再回来做也是可行的。

（10）两侧的把手也是扫描而成的，有点复杂，可以等学完项目五、六部分内容后再回来做。这里给出提示，竖直的圆柱用拉伸凸台做成，弯曲的把手前后两个中心线是平行的，先做一个再镜像。余下的底部弯曲部分要创建基准面，过圆柱的连线垂直于圆柱平面。在这个面上绘制半圆作为扫描的路径，圆柱截面作为截面草图，再扫描即可。另一个把手用镜像做成即可（图 3-4-49）。

利用旋转命令做个有底的筷子筒，底部有孔，将水漏到下面的托盘里（图 3-4-50）。

难题，刚开始做不出来，不要紧，关键是思路，能够想到一个结果，一组同学一起做。思路就是出路，难在想到。

图 3-4-48

图 3-4-49

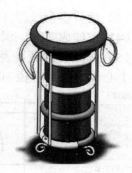

图 3-4-50

任务 3.5　运用旋转缩放命令

■【任务描述】

完成如图 3-5-1 所示的图形。

■【任务分析】

实体分两步完成，第一步是拉伸成基体；第二步拉伸切除两个形状相似的槽口。两个相似的草图，利用复制、旋转、缩放命令完成，可以提高作图速度。

■【知识准备】

两个圆之间的尺寸标注，采用最大值，不是用中心距。单击圆弧只能进行尺寸标注。

■【任务实施】

作图步骤如下：

（1）在前视基准面上画出如图 3-5-2 所示的图形。

（2）画 60°直线，随意画大致位置但不能过线段中点的直线，然后用"智能尺寸"命令标注 60°，分别单击水平线和斜线，然后输入 60，如图 3-5-3 所示。添加 60°线下端点与直线的重合关系（图 3-5-4）。结果端点与水平线重合（图 3-5-5）。

旋转缩放命令
操作视频

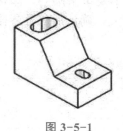

图 3-5-1

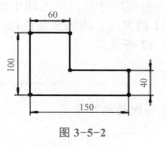

图 3-5-2

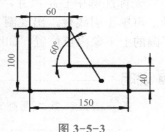

图 3-5-3

（3）裁剪多余线段（图 3-5-6）。

（4）拉伸成实体，深度 80，这个截面的选取有启示作用（图 3-5-7）。

（5）选择实体最上表面为基准面（图 3-5-8）。绘制腰圆形草图：正视于基准面，先画中心线，再画直径 30 的圆，镜像该圆（图 3-5-9、图 3-5-10），确认。

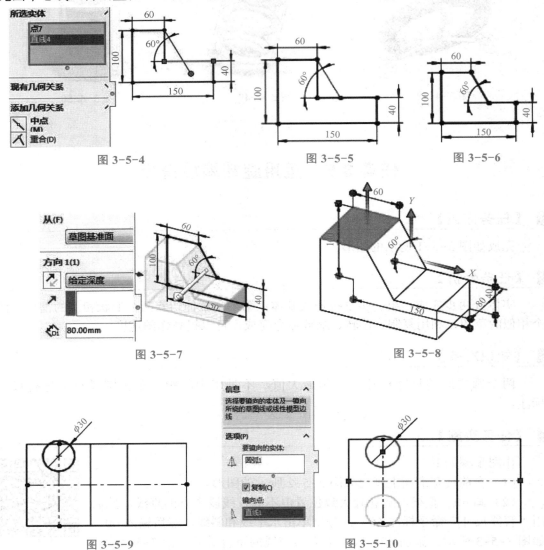

图 3-5-4　　　　　　　　　　图 3-5-5　　　　　　　　　　图 3-5-6

图 3-5-7　　　　　　　　　　　　　　　图 3-5-8

图 3-5-9　　　　　　　　　　　　　　　图 3-5-10

先标注圆中心距尺寸，单击"智能尺寸"，单击两个圆弧，不要单击圆心，单击对号，再单击引线栏，出现图 3-5-11 的界面，将圆弧条件都改为最大，确认后尺寸界限到了圆的上下象限点位置，如图 3-5-12 所示。

⌨ 说明

　　第一圆弧、第二圆弧与单击的圆的顺序有关。

　　单击尺寸，将尺寸改为 50，如图 3-5-13 所示，在空白处单击，结果如图 3-5-14 所示。经过实体上边界中点画竖直直线（图 3-5-15）。裁剪多余线段（图 3-5-16）。绘制图 3-5-17 的中心线，为复制做准备。

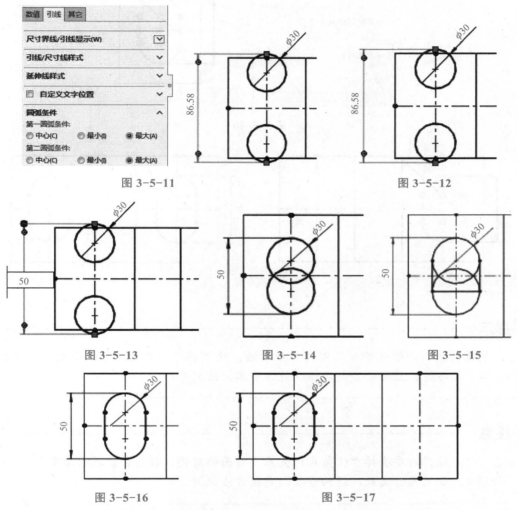

图 3-5-11　　　　　　　　　　图 3-5-12

图 3-5-13　　　　　　　　图 3-5-14　　　　　　　　图 3-5-15

图 3-5-16　　　　　　　　　　　　图 3-5-17

　　（6）复制图形。执行"复制实体"命令，命令位于草图"工具栏"（图 3-5-18）。选择要复制的 4 个图素（图 3-5-19），逐个选择和框选都可以，单击起点框，变为蓝色后，单击图形中心点（图 3-5-20）。移动鼠标指针到右边中心线交叉点（图 3-5-21），单击确认，结果如图 3-5-22 所示。

图 3-5-18　　　　　　　　　　图 3-5-19

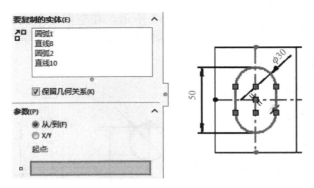

图 3-5-20

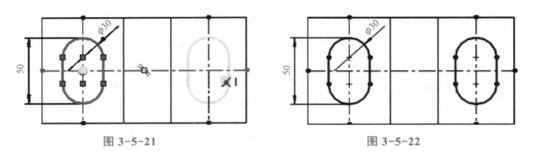

图 3-5-21   图 3-5-22

⌨ **提示**

　　复制实体，是快速绘制草图的有效方法，这里的实体指的是复制草图，不是三维实体。要与特征里面的复制实体（镜像实体）区别开。

⌨ **注意**

注意 1： 操作时要去掉"保留几何关系"前面的对钩，否则会出现图形变形。
注意 2： 如果操作失败，退回重做，更换方法试做。

　　（7）旋转图形。找到"旋转实体"命令，如图 3-5-23 所示。选择要旋转的图形（图 3-5-24），可以框选或者逐一选择，再选择旋转中心（图 3-5-25）。

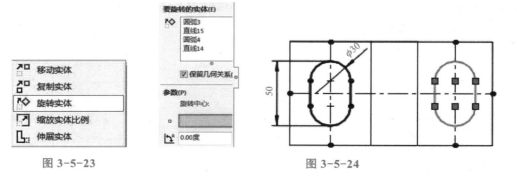

图 3-5-23   图 3-5-24

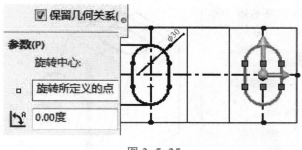

图 3-5-25

输入旋转角度：90 度，出现预览（图 3-5-26）。确认后结果如图 3-5-27 所示。

注意

　　不要保留几何关系。如果操作不成功，删除草图几何关系，必要时可以手工绘制。

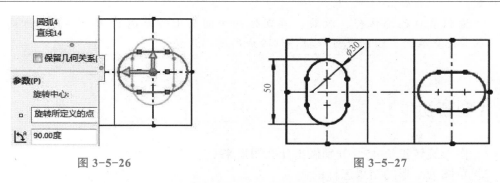

图 3-5-26　　　　　　　　　　　　　　　　　图 3-5-27

　　（8）缩放图形。右边线与圆弧距离太小，这样的结构不合理，需要修改。进行比例缩小，到 0.75（图 3-5-28）。确认后如图 3-5-29 所示。

　　（9）拉伸切除。执行"拉伸切除"命令，出现预览（图 3-5-30）。切除时深度可以大些，因为切到空间，对结果没有影响。利用旋转可以观察得更清楚。结果如图 3-5-1 所示。

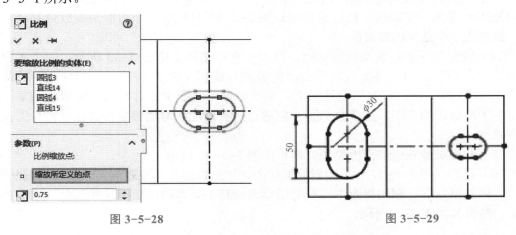

图 3-5-28　　　　　　　　　　　　　　　　　图 3-5-29

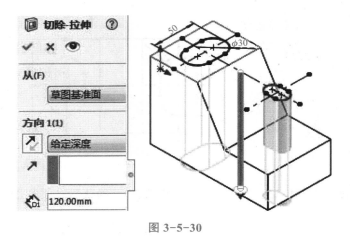

图 3-5-30

（10）保存文件。

 提示

注意积累自己的体会、收获。在实体的中间面上作草图的话，要两个方向拉伸。在上视基准面上绘制也可以拉伸切除成所要的形状。

【创新初步】

（1）图形旋转正负 45° 分别做出什么图形来？

（2）草图为心形的结果怎样的？

（3）如果要形成高度为 10 的凸台怎么办？

既然是两个台阶可以做旋转缩放，那么三四个台阶呢？

（1）作图 3-5-31 的截面。

（2）旋转缩放草图（图 3-5-32）。在旋转时如果不成功，就删掉部分图形，只留下一个半圆弧，等旋转成功后再补上其他图形。不要只停留在全部旋转的思维里。这个功能还不完善，等高版本修订后再用。图 3-5-32 中的第二个图形是缩放带复制功能的，最右边一个是单纯缩放的。

（4）做完上一步，直接拉伸切除，做出的立体结构如图 3-5-33 所示，四个平面同时做缩放再切除成功。再做旋转草图，能够顺利成功（图 3-5-34）。拉伸凸台的结果如图 3-5-35 所示。由此我们总结一下，旋转时整个草图中没有其他不做旋转的草图，仅仅一个要旋转的草图。这个总结不一定适合所有情况，但能够使得自己尽量少失误，提高效率。

（5）我们试着在竖立面上绘图，结果如图 3-5-36 所示。

（6）我们在图 3-5-37 所示的斜面上作图，用槽口命令，发现旋转时没有出现问题。所以，再总结一下，利用指令中已有的图形来旋转不易出现问题。拉伸凸台，成形到下一面，结果如图 3-5-38 所示。

（7）根据木工工具做出图 3-5-39 和图 3-5-40 所示的结构。木屑出口有两个。

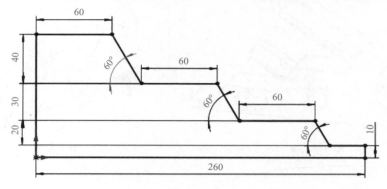

图 3-5-31

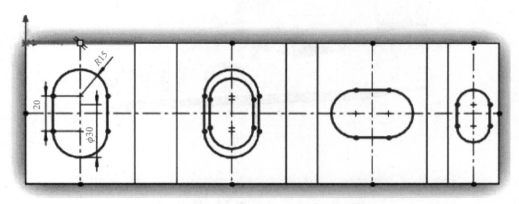

图 3-5-32

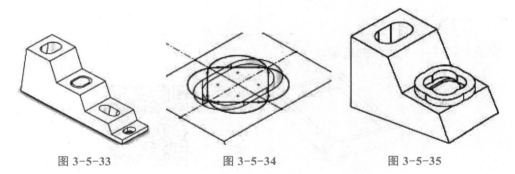

图 3-5-33　　　　　　图 3-5-34　　　　　　图 3-5-35

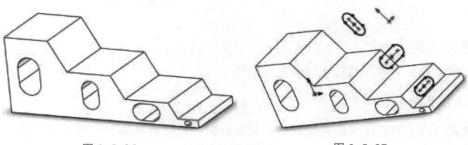

图 3-5-36　　　　　　　　图 3-5-37

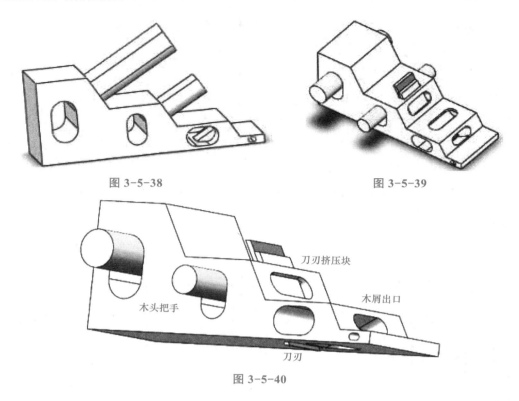

图 3-5-38   图 3-5-39

刀刃挤压块

木屑出口

木头把手

刀刃

图 3-5-40

任务 3.6   运用抽壳命令

▌【任务描述】

完成如图 3-6-1 所示的造型。

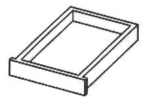

图 3-6-1

抽壳命令操作视频

▌【任务分析】

先做出基本实体，然后选择上表面操作。

▌【知识准备】

抽壳时选中的实体表面去除材料，剩余材料的尺寸就是抽壳的参数设定值。

【任务实施】

作图步骤如下：

（1）在上视基准面画出如图3-6-2所示的图形，数据为125、140、15、400。

（2）镜像另一半，参数选择如图3-6-3所示。

（3）拉伸，深度60，结果如图3-6-4所示。

（4）抽壳找到命令并点击，如图3-6-5所示。出现抽壳界面，选中实体的上表面。设定参数，抽壳厚度18 mm，选中显示预览，如图3-6-6所示，确认后如图3-6-1所示。

（5）保存文件：保存在相应文件夹中，方便以后使用。

讨论：还可以多厚度抽壳。回撤一步，单击向左箭头，如图3-6-7所示。再重新抽壳，设定参数为30，结果如图3-6-8所示。保存文件，名称相同，序号增加以示区别。比较两者的不同（边缘厚度不同，设定的参数就是留下的厚度）。将抽壳参数设定为5毫米，结构又发生了变化，注意拐角处，如图3-6-9所示。

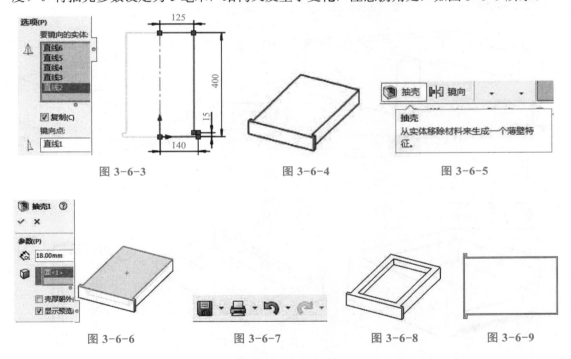

图3-6-2

图3-6-3　　　　图3-6-4　　　　图3-6-5

图3-6-6　　　　图3-6-7　　　　图3-6-8　　　　图3-6-9

【创新初步】

（1）两面抽壳可否做？尝试将参数设定到拉伸深度的一半多点。

将实体的拉伸深度改为80，抽壳参数为40，结果如图3-6-10所示。将其反过来，用40抽壳，发现没有变化，参数改为30，结果如图3-6-11所示。将实体切开，如图3-6-12所示。前面中间实体厚度是多少？

（2）利用软件自带的测量功能，在评估栏目里找到"测量"，如图3-6-13所示，实测数据是 30，如图 3-6-14 所示，恰好就是我们设定的第二次抽壳的参数。

那么我们再测量凹陷深度尺寸，是 40，测量水平棱线的长度，如图 3-6-15、图 3-6-16 所示，恰好是第一次抽壳参数，所以我们理解到抽壳设定的参数是留下的材料的尺寸参数，而不是"空"处的参数。

（3）明白了参数的含义，可以为后续工作提供方便。我们把 125 改为 100，抽壳参数改为 20，或者更小，背面的抽壳删除，结果如图 3-6-17 所示。

（4）在上视基准面绘制两个圆，拉伸凸台，厚度与第一次拉伸凸台一样，如图 3-6-18 所示。

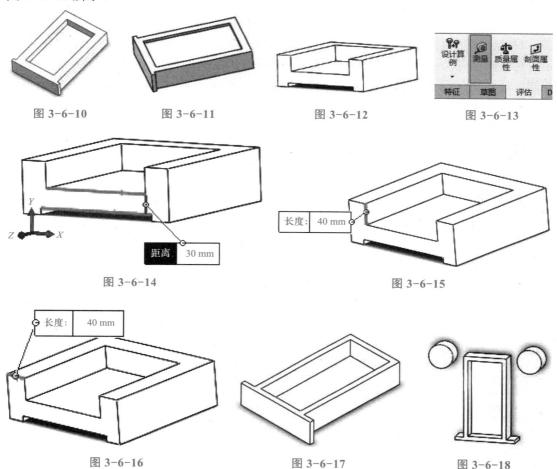

图 3-6-10   图 3-6-11   图 3-6-12   图 3-6-13

图 3-6-14   图 3-6-15

图 3-6-16   图 3-6-17   图 3-6-18

（5）在两个圆柱上分次抽壳，参数为 5（图 3-6-19）。

（6）在上视基准面绘制两个圆，直径估算即可（图 3-6-20），裁剪成图 3-6-21。

（7）在平面上绘制图形，与边线的距离为 5 毫米（图 3-6-22），用这个方法类似抽壳。拉伸切除不贯穿留下几个毫米，如 5 毫米，结果如图 3-6-23 所示。

（8）切除接近半圆范围（图 3-6-24）。

（9）做出另一边结构，整体如图 3-6-25 所示。

（10）打安装孔，如图 3-6-26 所示。

（11）为了壁厚均匀，加上圆角（图 3-6-27）。

（12）整体应用结构如图 3-6-28 所示。长圆柱体（蜡杆等轻质材料）穿过圆环，圆环夹住窗帘。上部板代表天花板，上面也有安装孔，一个房间 3 米宽，有 3 个架子即可。实际的螺钉 M6，安装孔按照 $\phi 7$ 改进即可。

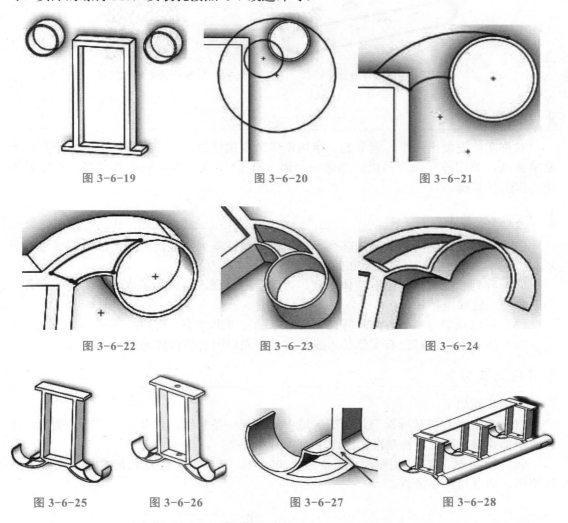

图 3-6-19   图 3-6-20   图 3-6-21

图 3-6-22   图 3-6-23   图 3-6-24

图 3-6-25   图 3-6-26   图 3-6-27   图 3-6-28

两根长圆柱代表两层窗帘：一层是薄窗纱；一层是厚窗帘。

实际结构有许多，还能衍生出更多的结构来，注意观察思考，纳入自己的知识技能库里，形成自己的总结思维。

任务 3.7   运用阵列命令

【任务描述】

完成如图 3-7-1 所示的实体造型。

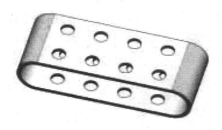

图 3-7-1　　　　　　　　　　陈列命令操作视频

【任务分析】

对称实体先做出一半，剩下的一半用镜像命令快速做出。一半实体上的 4 个孔，不要单独画，要用阵列命令画出。如果一个面上有 12 个孔，用阵列就快得多，这里是为快速作图打基础。

【知识准备】

（1）阵列有线性阵列和圆周阵列。这里学习线性阵列。线性阵列可以沿着两个方向 X、Y 阵列。阵列要有阵列对象和间距。

（2）阵列后的实体尽量有实体承载，否则会不出现。所以为了成功，要提前准备一个附着物。镜像也是如此。

（3）可以先学习一个方向的阵列，有了基础后再沿两个方向同时阵列。

（4）阵列方向选择已有实体的边线。这也是先做附着物再阵列的一个原因。

【任务实施】

作图步骤如下：

（1）单击"右视基准面"，绘图区域中间出现一条竖线；再单击"草图绘制"，注意两步都要做。出现右视基准面绘图平面（图 3-7-2）。

（2）绘制图 3-7-3 的图形，尺寸为"200"和"R50"，注意几何关系：直线与圆弧相切，切点与圆心竖直。

图 3-7-2

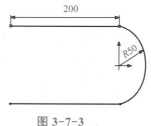

图 3-7-3

（3）等距实体。执行"等距实体"命令，出现对话框界面按照图 3-7-4 填写参数，然后填补左边竖线（图 3-7-5）。

（4）拉伸，深度 200，结果如图 3-7-6 所示。

（5）保存文件。

（6）绘制阵列草图。找到"旋转视图命令"的方法是空白处单击鼠标右键，弹出快捷菜单（图 3-7-7），旋转实体如图 3-7-8 所示。选择尺寸标记 200 的蓝色上表面为绘图平面（图 3-7-9），单击"正视于"，绘制直径 40 的圆，标注尺寸"50"（图 3-7-10）。

（7）阵列草图。执行"陈列草图"命令（图 3-7-11），出现"参数选择"对话框，按照图 3-7-12 填写参数。默认数量为 2，出现 X 轴询问框，单击水平边线为 X 轴（图 3-7-12）。选择后自动打开 Y 轴问询框，单击竖直边线为 Y 轴，向下拉，看到要阵列的实体间询框，单击直径 40 的圆，然后设定间距为 100，修改方向让图形在实体上，边选择边观察边修改，在改动中深刻理解命令。设定完整的参数如图 3-7-13 所示，单击对号如图 3-7-14 所示。

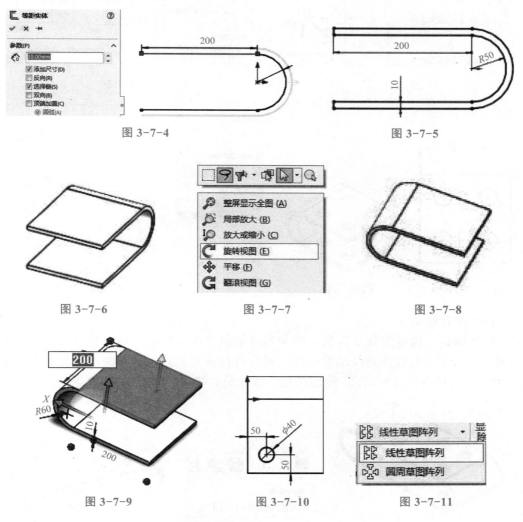

图 3-7-4 图 3-7-5

图 3-7-6 图 3-7-7 图 3-7-8

图 3-7-9 图 3-7-10 图 3-7-11

（8）拉伸切除。上下两个面都切除（图 3-7-15）。

（9）镜像。实体做端面为镜像面，注意两个特征同时镜像，也可以分两次镜像，根据个人意愿而定（图 3-7-16），单击对号，结果如图 3-7-17 所示。

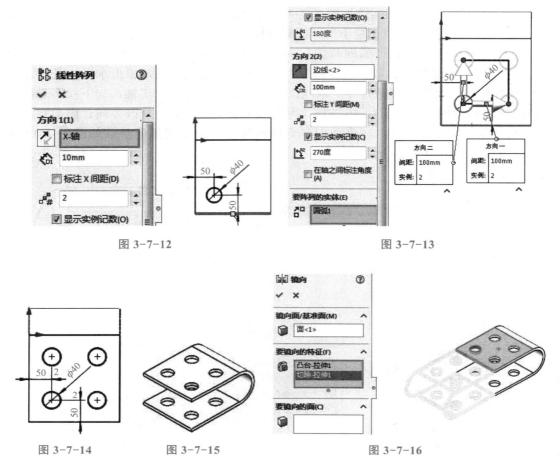

图 3-7-12　　　　　　　　　　　　　　　图 3-7-13

图 3-7-14　　　　　　图 3-7-15　　　　　　　　图 3-7-16

（10）保存结果。

（11）研讨，镜像实体更容易，因为实体中包含许多特征，可以自行实验，结果如图 3-7-17 所示，与镜像特征结果一样。最后进行曲面上色，选中曲面，执行"编辑外观"命令，如图 3-7-18 所示，设定颜色，保存最后结果，如图 3-7-19 所示。

图 3-7-17　　　　　　　　　图 3-7-18　　　　　　　　图 3-7-19

颜色参数如图 3-7-20 所示，也可以选择其他颜色。"编辑颜色"命令从"视图"→"工具栏"→"标准"中调出（图 3-7-21、图 3-7-22）。

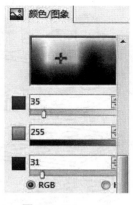
图 3-7-20

图 3-7-21

图 3-7-22

⌨ **说明**

　　做完后如果发现与教材有差距，就再做一遍。实践出真知。在实操中发现问题，在重复中领悟技巧。多动手多练习，多联系以前的知识点思考，用学过的基本命令就一定能做成。

 【创新初步】

（1）将数量 4 改为 9，距离 50 改为 40（图 3-7-23），进行拉伸切除。

（2）造型旋转体，旋转体底部放入孔中（图 3-7-24）。

（3）阵列出 4 个作为代表，表示瓶瓶罐罐（图 3-7-25）。

（4）在下部中心部位旋转切除成一个大凹陷，准备放锅具等（图 3-7-26）。

（5）造型锅具如图 3-7-27 所示。

（6）镜像一次如图 3-7-28 所示。

（7）再镜像一次，结果如图 3-7-29 所示。

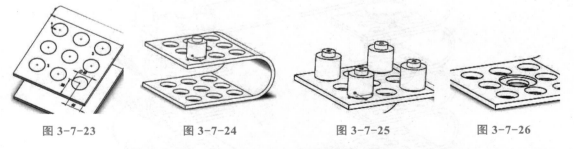

图 3-7-23　　　　　图 3-7-24　　　　　图 3-7-25　　　　　图 3-7-26

（8）用旋转命令，绘制一个盘子（图 3-7-30），再阵列成一摞盘子，数量 7 个左右（图 3-7-31）。

（9）延伸上部，约 200，然后镜像（图 3-7-32）。这样厨房搁物架雏形就出现了。

（10）将整体设计成固定支撑结构。

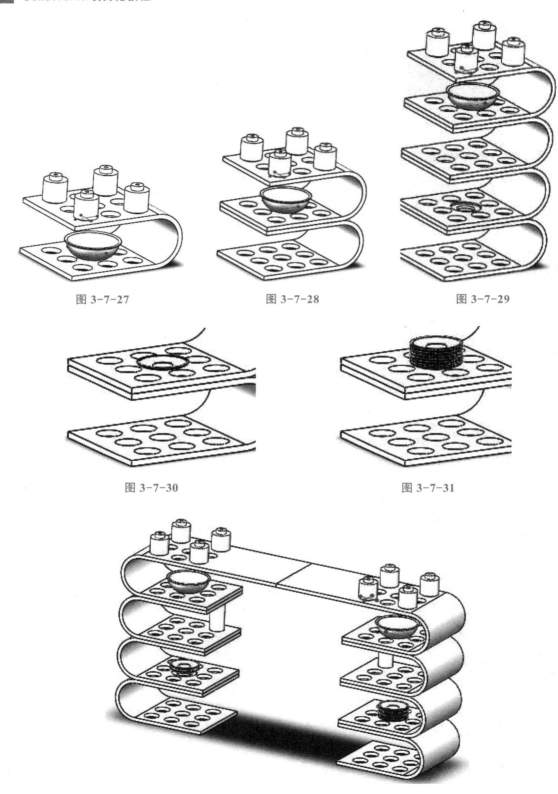

图 3-7-27   图 3-7-28   图 3-7-29

图 3-7-30   图 3-7-31

图 3-7-32

任务 3.8　改进与创新

■【任务描述】

对前述指令对应的每个结构进行改进。

■【任务分析】

改进与创新是在理解了基本理论，掌握了基本技能后的变通，是在基础操作上的提高，所以要想有创新，就必须要在基本知识上下功夫，否则，将来操作高级的东西时还要回来重新学习。

创新与改进是一种变通，如果这个变通是自己实现的，会有成就感，增加继续研究的乐趣。

不管什么层次的人，都需要有成就的满足感，所以，为了学生的成长，就需要一个有益的指导，尽快让学生从最基础的层面开始学会自愿的创造。

掌握的基础的东西到了一定程度，就可以进行创造，如果有条件，可以在学完整本书后综合提高，也可以在学完一个项目甚至一个任务后就进行改进的尝试。

■【任务实施】

1. 常见 7 个造型命令实体的改进

※ 创新设想 1——拉伸实体

基本图形如图 3-8-1 所示，可以利用"镜像"命令，做出带圆孔的矩形板（图 3-8-2、图 3-8-3），还可以利用创建通过圆心的竖直基准轴，然后阵列实体，数量为 3，结果如图 3-8-4 所示。

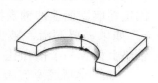

图 3-8-1

图 3-8-2

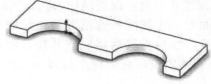

图 3-8-3

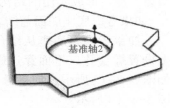

基准轴2

图 3-8-4

如果阵列数量为 6，结果图形变为图 3-8-5 的形状。

利用"线形阵列"命令，可以做出图 3-8-6 的形状结构。

※ 创新设想 2——旋转实体

原图如图 3-2-1 所示，在圆周上拉伸切除孔，然后阵列，阵列轴为圆柱体的轴。改进后的图形如图 3-8-7 所示，通过镜像后，可以得到图 3-8-8 的改进图形。通过"线形阵列"命令，可以创造出如图 3-8-9 所示图形。通过"圆周阵列"，可以创造出如图 3-8-10 所示的图形。

镜像后，与扫描命令的结合使用，可以创造出图 3-8-11 所示的图形，以后可以参考它来创建车间管道等。

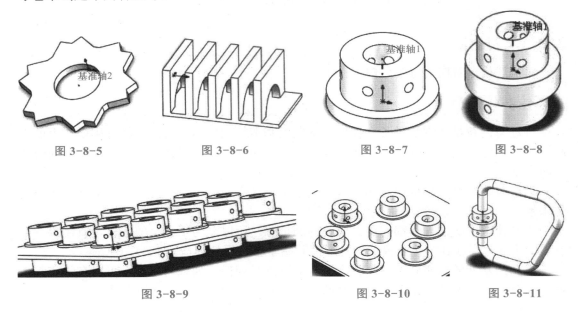

图 3-8-5   图 3-8-6   图 3-8-7   图 3-8-8

图 3-8-9   图 3-8-10   图 3-8-11

※ 创新设想 3——拉伸切除

原图如图 3-3-1 所示，通过添加轴（圆柱体），镜像后得到图 3-8-12 的图形，可以猜测这是两个固定在墙立面上的轴支撑座，支撑着水平轴。

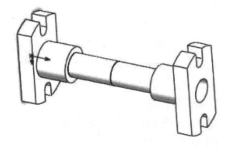

如果需要润滑，减少轴与轴座之间的摩擦，在轴座上设置一个槽和孔（图 3-8-13）。

如果觉得底座底板上的槽是放置 M8 的螺栓的话，可以将直径 8 改为直径 9 或者直径 10。然后重新做一遍，形成实用的结构。

图 3-8-12

如果考虑底座底面与结合面紧密贴合，改进结构为在底座底面开槽（图 3-8-14）。

如果考虑将底座从结合面处在生锈等特殊情况下也能顺利取出，可以考虑在底板上设置螺纹孔，里面穿过螺栓，往里拧紧后将底座从接合面处顶出来。改进后的结构如图 3-8-15 所示。如果考虑轴的定位，在圆筒上设置一个台阶，改进后的结构创新如图 3-8-16 所示。

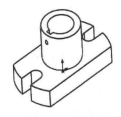 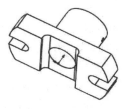  

图 3-8-13   图 3-8-14   图 3-8-15   图 3-8-16

※ 创新设想 4——描创新

扫描原图如 3-4-1 所示，以上表面为对称面的镜像创新结果如图 3-8-17 所示，以里面为对称的镜像创新结构如图 3-8-18 所示，继续利用"镜像"命令，可以得到如图 3-8-19 所示的新结构。

在原图上半圆延伸，没有改变平面，新图形如图 3-8-20 所示。

在原图上延伸，具有立体感觉，如图 3-8-21 所示。

图 3-8-20 镜像后线形阵列，结果如图 3-8-22 所示。

图 3-8-17

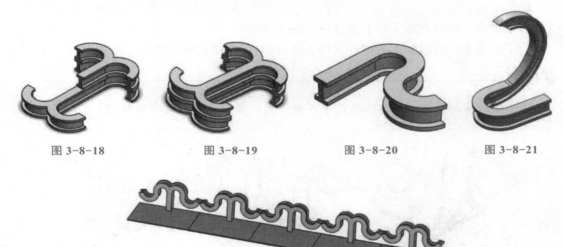

图 3-8-18　　　　　图 3-8-19　　　　　图 3-8-20　　　　　图 3-8-21

图 3-8-22

※ 创新设想 5——旋转缩放改进

原图如图 3-5-1 所示，简单镜像后的结果，如图 3-8-23 所示。

镜像后加上底板（四棱柱）和四个轮子（圆柱），设想可以承载并移动重物了，如图 3-8-24 所示。

再加上固定轮子的轴如图 3-8-25 所示，成为可能使用的小推车的底座了。

图 3-8-23　　　　　　图 3-8-24　　　　　　图 3-8-25

要推动车子，需要扶手，用两次或者三次扫描，加上弯曲的扶手，扶手与底座要有固定连接轴（图 3-8-26）。

推车的前面也要有阻止重物滑落的挡块（图 3-8-27）。

图 3-8-26   图 3-8-27

再加上侧面挡物，防止侧滑（图 3-8-28）。

如果重物比较重，再加上另一个扶手，一个人推一个人拉（图 3-8-29）。

为了牢固，可以在四周焊上连接杆（图 3-8-30）。

为了防雨水，可以加上支撑杆（图 3-8-31），再加上防水雨布（图 3-8-32）。

⌨ 说明

这里只强调创意，对具体的尺寸不加研究，暂时不追求尺寸的精确。

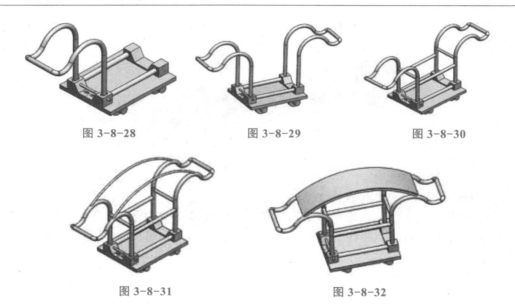

图 3-8-28   图 3-8-29   图 3-8-30

图 3-8-31   图 3-8-32

※ 创新设想 6——抽壳改进

原图如图 3-6-1 所示，加上拉手结构，如图 3-8-33 所示。

加上抽屉套，结构变为图 3-8-34。

加上下边的大框架，变为图 3-8-35。

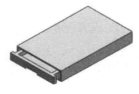

图 3-8-33   图 3-8-34   图 3-8-35

　　加上桌面然后镜像另一边的抽屉和框架（图 3-8-36）。注意：镜像前要先制作镜像后的物体的附着物。

　　添加底板和 4 个桌子腿（图 3-8-37）。

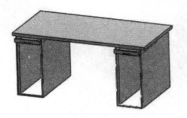

图 3-8-36

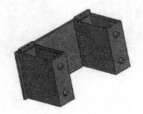

图 3-8-37

　　添加面板（图 3-8-38）。

　　添加笔记本电脑，抽壳作图（图 3-8-39、图 3-8-40）。有兴趣还可以添加台灯造型。

图 3-8-38

图 3-8-39

图 3-8-40

　　※ 创新设想 7——阵列改进与创新

　　原图如图 3-7-1 所示。

　　改进 1：不难通过镜像做成图 3-8-41，这里的缺口，是为了表达内部结构而特设的，相当于剖视。

　　改进 2：通过绘制截面草图圆和路径草图折线，如图 3-8-42 所示，利用学过的"扫描"命令创建管道（图 3-8-43）。

图 3-8-41

图 3-8-42

图 3-8-43

　　改进 3：把其余孔中也加入管道（图 3-8-44）。利用拉伸命令延伸进水管口和出水管口（图 3-8-45）。

　　改进 4：利用镜像实现组合，相当于两组暖气片并联（图 3-8-46）。

　　改进 5：形成阵列，相当于楼层中的多个房间的暖气片排列，只是没有画出房间墙壁来（图 3-8-47）。

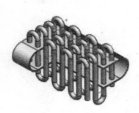

图 3-8-44

改进 6：并列的管道上应该安装三通。

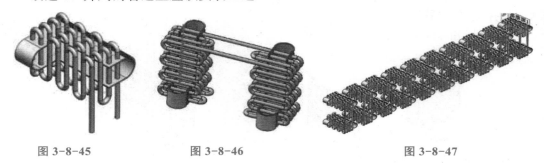

图 3-8-45　　　　　　图 3-8-46　　　　　　　　图 3-8-47

⌨ **说明**

　　通过这个例子，告诉大家，复杂的东西是基本的东西组合而成的，学会了几种常见的命令，可以创作出复杂的东西来。

　　这个例子是按照一个思路继续创新下去的。

2．简单创新思路及实例

　　（1）最简单的改进是改变已有实体的尺寸，这个改进在特征栏中单击要改变的特征，单击"编辑特征"，然后改变原来的尺寸为现在想要的尺寸，然后执行"重建模型"命令，实体就会成为新尺寸的实体。

　　（2）将多数尺寸改变，甚至改变线段的形状，如将直线改变成圆弧，将圆弧改变成椭圆，将直线改变成样条曲线等，这个改变带来的变化就比较大了，成为另外的零件了。如将旋转缩放的腰圆改为椭圆，形状如图 3-8-48 所示，将尺寸 150 改为 160，形状变如图 3-8-49 所示。

　　（3）数量上的改变，如将筋板数量由 3 个改为 5 个，且不均匀排列，图形由图 3-8-50 变为图 3-8-51。

　　如将三棱锥变为 5 棱锥，如图 3-8-52、图 3-8-53 所示。

　　将五边形改进，成为五角星（图 3-8-54、图 3-8-55）。

图 3-8-48

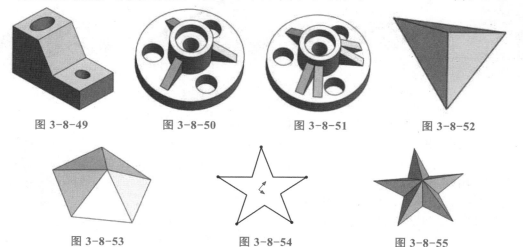

图 3-8-49　　　　　图 3-8-50　　　　　　图 3-8-51　　　　　　图 3-8-52

图 3-8-53　　　　　　图 3-8-54　　　　　　图 3-8-55

3．生活创新实例

（1）由简单长方体组合成书桌（图3-8-56）。

（2）简单圆、椭圆做成脸谱（图3-8-57）。

（3）由圆柱多边形组成的创意挂件（图3-8-58）。

图 3-8-56   图 3-8-57   图 3-8-58

（4）阵列再组合成的隔断类型物（图3-8-59）。

（5）简单的圆、三角形和心形组成的人形（图3-8-60）。可以考虑镜像成两人。

（6）由椭圆、圆等组成的小兔子（图3-8-61）。将腿部分开更形象。

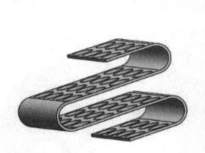  

图 3-8-59   图 3-8-60   图 3-8-61

（7）由简单的拉伸凸台命令做出的小房子（图3-8-62）。

（8）由旋转缩放实体的变形与改进做出的机器人和小汽车（图3-8-63、图3-8-64）。

图 3-8-62   图 3-8-63   图 3-8-64

（9）圆柱、圆锥、棱柱、镜像的组合，简单但又融合多个基本命令的使用，如图3-8-65～图3-8-67所示。图3-8-66的公文包来自平时的观察。

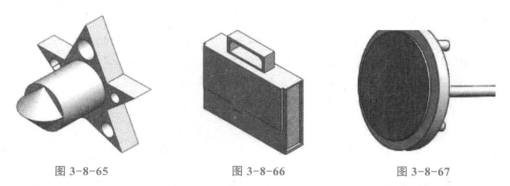

图 3-8-65　　　　　　　　图 3-8-66　　　　　　　　图 3-8-67

（10）多边形及五角星的实体和镂空都可以表现（图 3-8-68～图 3-8-78）。这里提供的实体图形，同学们都可以有意识地做出相反的物体，然后做个配合，用来锻炼自己的思维能力。

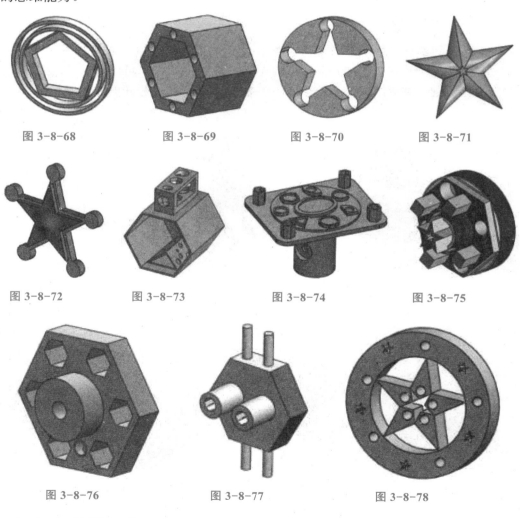

图 3-8-68　　　　　图 3-8-69　　　　　图 3-8-70　　　　　图 3-8-71

图 3-8-72　　　　　图 3-8-73　　　　　图 3-8-74　　　　　图 3-8-75

图 3-8-76　　　　　　　图 3-8-77　　　　　　　图 3-8-78

（11）生活用品（图 3-8-79～图 3-8-106）。

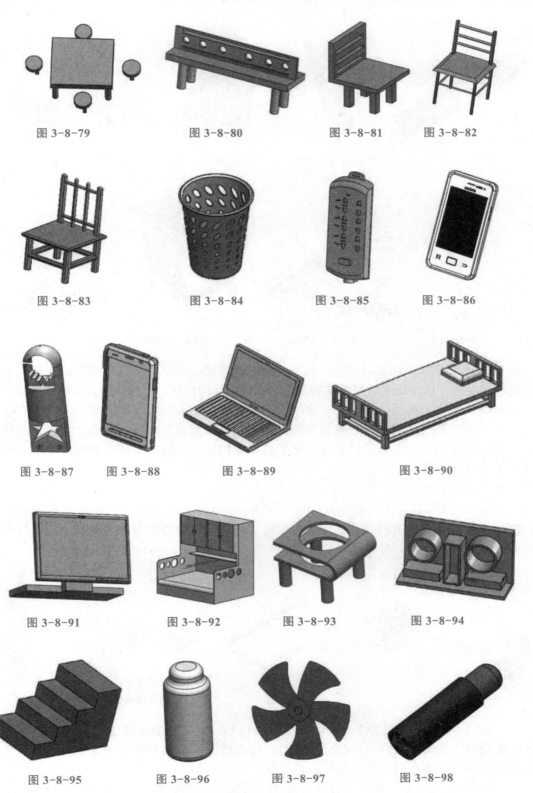

图 3-8-79　　　　　　图 3-8-80　　　　　　图 3-8-81　　　　　　图 3-8-82

图 3-8-83　　　　　　图 3-8-84　　　　　　图 3-8-85　　　　　　图 3-8-86

图 3-8-87　　图 3-8-88　　　　图 3-8-89　　　　　　图 3-8-90

图 3-8-91　　　　　　图 3-8-92　　　　　　图 3-8-93　　　　　　图 3-8-94

图 3-8-95　　　　　　图 3-8-96　　　　　　图 3-8-97　　　　　　图 3-8-98

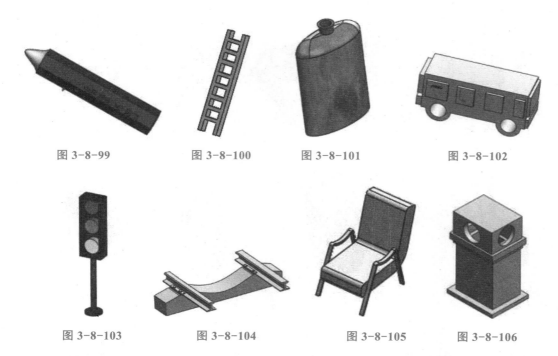

图 3-8-99　　　　　图 3-8-100　　　　　图 3-8-101　　　　　图 3-8-102

图 3-8-103　　　　　图 3-8-104　　　　　图 3-8-105　　　　　图 3-8-106

　　这是三维造型和创新的来源，包罗万象，只要用心，就可以找到无数的实体。有些实体需要变通才能做出来。用基本体逐渐演变成实际的形状，也是锻炼自己能力的机会。

　　从生活中来，再到生活中去，会改进生活实体，丰富生活，活出花样，活出精彩。

　　在从理论到生活实践，从生活实践到理论的反反复复过程中，会总结出自己的独特机制来。专业也是为了生活得更好！有了自动的机制，以后的工作实践就省力了，而且是为了完善这个机制。

　　生活中看似简单的东西，蕴含着商机。

　　（12）健身体育图形（图 3-8-107～图 3-8-110）。健身体育行业是越来越受重视的一个行业，有着广阔的前景。同学们应勇于将新的精神与个人的才能运用到新行业之中。思路（道理原理）是可以跨越专业的。

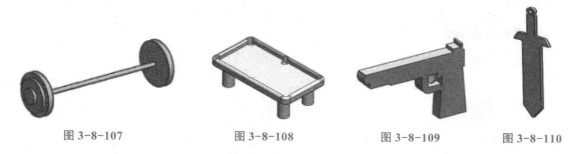

图 3-8-107　　　　　图 3-8-108　　　　　图 3-8-109　　　　图 3-8-110

　　（13）机械零件（图 3-8-111～图 3-8-113）。这是专业的技能培养的重要方面，多搜集机械零件图纸做练习和改进，还可以将机械设计基础上的习题拿来练习。这几个是箱体类零件，还有三大类零件可以做练习。

　　（14）艺术类造型（图 3-8-114～图 3-8-126），在冷冰冰的铁零件上注入灵感。

图 3-8-111

图 3-8-112

图 3-8-113

图 3-8-114

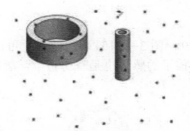

图 3-8-115

图 3-8-116

图 3-8-117

图 3-8-118

图 3-8-119

图 3-8-120

图 3-8-121

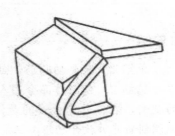

图 3-8-122

图 3-8-123

图 3-8-124

图 3-8-125

图 3-8-126

（15）教育办公（图 3-8-127、图 3-8-128）。

图 3-8-127

图 3-8-128

（16）卡通类（图 3-8-129～图 3-8-131）。做好了可以为儿童教育丰富内容。将机械传动内容变为玩具，增加孩子的感觉也是一份贡献。感性物件，是为理性的获取做铺垫。

图 3-8-129

图 3-8-130

图 3-8-131

⌨ **说明**

这里的分类不一定完全正确，旨在说明 SW 的应用广泛。

⌨ **总结**

总结 1：只要动脑筋，创新会越来越多，要注意基础的熟练运用。

总结 2：创新作品会因人而异，根据个人爱好、经历、工作岗位情况等做出不同的创新，在工作中更多的是注重实体的功能、性价比等。对于在校学生来讲，较多地强调创新能够放开思想，但是，要尽量多结合教材知识来做，注意基础知识的掌握。

任务 3.9　焊枪三维调整机构创作

▎**任务描述**

焊枪三维机构是自动焊机上调整焊枪上下、左右、前后位置的装置，目的是焊丝对准焊缝的起点，所以要有三个方向的移动机构，一般用燕尾槽与螺纹结构，对于自动焊机来说，甚至需要第四个维度的调整，就是围绕水平轴的旋转，在此暂时不提，只将最基本的三维结构做出来。

任务分析

用最基本的拉伸凸台结构——方圆结合结构可以制作出比较复杂的实际结构。调整结构的各个部件尽量采用七个指令用到的原始结构，锻炼综合运用基本技能的能力。前后、左右的调整是将螺纹的旋转运动变为机构的直线运动做出，在调整时需要一个固定的支撑结构，尽量采用旋转缩放命令用到的原始结构加以改进而成。旋转手柄是最常用的，圆环用小圆在大圆上扫描加放样做出，也可以后续用工字形做圆扫描而成，本例先采用简单的结构，有兴趣的同学可以后续补充成工字扫描件。上下运动大范围调整可以采用气缸实现，气缸的固定结构恰好可以利用拉伸凸台逐步做成。适当的孔是为了连接固定。

做法不是唯一的，也不要受限于实际结构和加工能力，创新思维的锻炼，多种途径实现一个目标的多样化才是目的，思维上的脑洞开发是根本目的。想前人无所想，想别人想不到的，沿着思路做下去直到想不到为止。不去计较别人的评价，这次做不好，下次再努力做。

任务实施

（1）原图如图 3-9-1 所示。

（2）改进 1：在底板上做沉孔（图 3-9-2），对于最初的想法不要限制，任意发挥。从哪里开始都行。

（3）改进 2：在底板上做个小孔（图 3-9-3）。

（4）改进 3：在底板上做螺纹孔（图 3-9-4）。

图 3-9-1 　　　　　 图 3-9-2 　　　　　 图 3-9-3 　　　　　 图 3-9-4

点评：这个创新有点局限就是仅仅在孔上。沉孔干什么用的？一般来说要穿过六角螺栓，螺栓的作用是什么？固定、连接等。沉孔可以让螺栓头部沉下去，不凸出底板上表面，保持平齐。从两种孔来看，实质在作者脑中想到了一个用途，就是连接别的部件。我们可以顺着思路走下去。

（5）在底板的下面可以再做一个类似的部件，这个部件的孔肯定要跟原来的底板对应，否则穿不过螺栓，起不到连接作用（图 3-9-5）。如果穿过螺栓，底部的螺母放在孔中心，但会凸出来。如果不想凸出，也要做个沉头孔（图 3-9-6）。我们能想到的越多，设计就越完美。

（6）底板的螺纹孔是盲孔，连接时肯定要有一个部件在其上面，为此我们可以想象图 3-9-7 的形状。

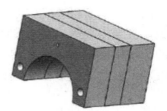

图 3-9-5   图 3-9-6   图 3-9-7

（7）再做成沉孔，目的一样（图 3-9-8）。

（8）为了不变形，可以将中间的小孔做成大孔。穿过 M6 的螺钉即可（图 3-9-9）。这个思路实现了不同厚度的类似零件组合成大厚度部件的设想。在将来的制造中有用。

（9）做到这一步，我们发现，还是很有局限，思路还没有放开。半圆孔一般要组合成整圆。我们做个镜像，如图 3-9-10 所示。

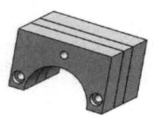

图 3-9-8   图 3-9-9   图 3-9-10

（10）孔中一般要穿过圆柱，起到导向的作用，圆柱上下移动时中心不变，如模具中会用到，液压机械中也会用到（图 3-9-11）。

（11）如果要定位，就要在轴上做键槽，配合键来定位。示意图如图 3-9-12 所示。底板等零部件也要随着做结构改变，用一个键槽也可以。

（12）如果想到圆柱太重，那就中间挖孔，可以是通孔也可以用盲孔（图 3-9-13）。

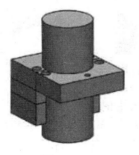
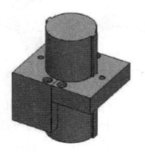
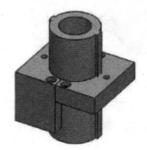

图 3-9-11   图 3-9-12   图 3-9-13

（13）圆柱体要上下移动，移动到位要有个确定位置，这个位置到了后可以发出信号，让控制中心知道，一般要配合行程开关来实现。要在圆柱上安装一个触碰结构，当圆柱下行到位触碰行程开关（图 3-9-14）。

行程开关是定型产品，找到一个现成的物品后，可以根据结构再设计一个放置开关的结构件即可。

（14）根据常识，圆柱的移动可以用汽缸来带动。所以我们可以再制作一个汽缸。示意图如图 3-9-15 所示，周边的 4 个孔是穿长螺杆的，两头有螺纹，中间没螺纹。螺母固定。汽缸有通气孔，孔中安装步步高，可以连接橡皮软管，用铁丝绑紧。步步高的形状如图 3-9-16 所示。下端有螺纹，可以拧紧在汽缸体上。具体参数可以查阅液压与气压传动课本或者机械设计手册。

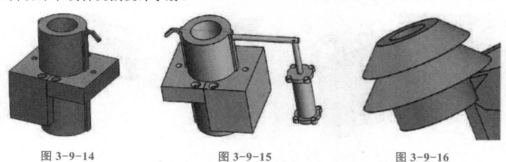

图 3-9-14   图 3-9-15   图 3-9-16

（15）再设计制作汽缸的固定机构。可以自由发挥。

（16）圆柱体的下端可以挂接一些结构件。先做个圆盘，有螺纹孔（图 3-9-17）。

（17）做个燕尾槽结构（图 3-9-18）。

（18）与燕尾槽配合的结构（图 3-9-19）。

（19）做个连接支撑结构（图 3-9-20）。这个结构用上了教材的实例。这个结构可能不太合适，但我们在校学生学着使用学过的结构，将来再改进，这里注重锻炼的是思维。

（20）做个手轮，转动时螺纹轴转动，可以将燕尾结构拉出或者推进去。螺纹的长度就是可调节距离。手轮的制作用到了旋转、放样、阵列命令（图 3-9-21）。

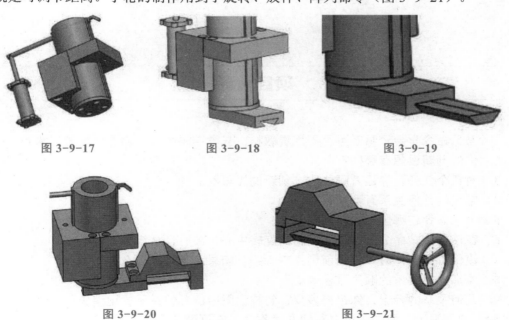

图 3-9-17   图 3-9-18   图 3-9-19

图 3-9-20   图 3-9-21

（21）前后方向的调节机构有了，上下方向的机构怎样做呢？

先大致做个燕尾槽固定座（图 3-9-22），再做燕尾滑板（图 3-9-23）。做出调节螺栓和手柄（图 3-9-24）。

（22）左右调整机构，参考前后上下机构做出大致形状如图 3-9-25 所示。

（23）细节再处理（图 3-9-26）。

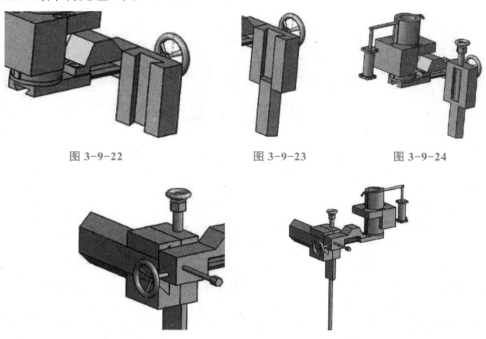

图 3-9-22   图 3-9-23   图 3-9-24

图 3-9-25   图 3-9-26

项目检测

1. 常见命令学会了吗？可否不用看教材，只看结果图形，自己就能做出来？

2. 你的创新设想有哪些？

3. 对每个任务，你还有哪些改进创新的思路？

4. 常见的几何关系有哪些？

5. 上色命令在哪里可以找到？

6. 在使用旋转命令时，改变不同的旋转中心，会有什么结果？

7. 镜像草图实体时，要提前创立中心线。如果忘了做，怎么办？

8. 添加几何关系的顺序可否改变？

9. 几何关系的标记，你记得多少？怎样让图中的几何关系标记消失？

10. "正视于"命令，可以帮助准确作图，它可否在等轴测视角下绘图？

11. 拉伸切除时可否多切？

12. 要完全切除一个实体，深度怎样确定？

13. 扫描时的关键点是什么？

14. 用直线命令可否做出圆弧来？

15. 60°线怎样做出？

16. 旋转图形时，旋转中心不在图形中心或者内部，能做成吗？

17. 复制实体，可以代替移动实体，复制后再删除原来的图形，就成了移动实体。你试过吗？

18. 抽壳还可以不等厚度抽壳，自行试验看看结果怎样。

19. 看到生活中的某个物体，可以设想怎样用软件做出来。沿着思路不断走下去，可以看到或者做到原来想不到的东西。如果有时间，试着自己做一做。

20. 按照下面图形的提示做一遍，然后再有自己的创新。注意第一个结构必须是给出的结构，不能一开始就改进，一定是先继承原有的结构。否则做得再好也不及格。

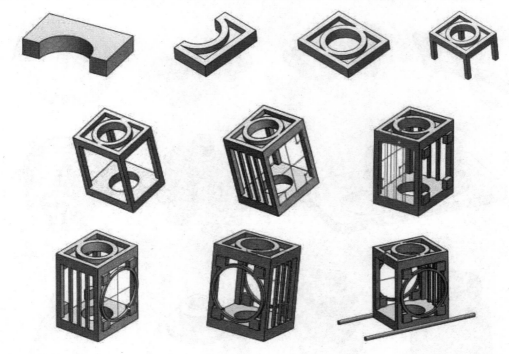

21. 按照图形的提示做一遍，然后有自己的创新。

22. 根据下图的提示，先判断用了哪个基本指令，做了哪个结构，在结构的基础上做一遍，然后改进，做得更好。对于简单的结构，不能轻视，它留给我们的思考改进余地比较大，对于结构复杂的也不要怕，静下心来就会做出来。

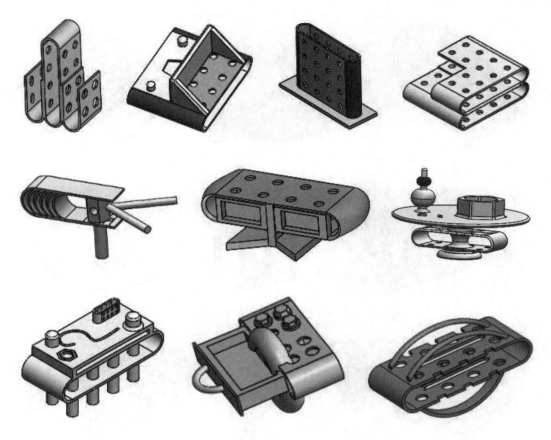

23．图中的结构用到了哪几个课本对应的指令结构？试着做出来，然后再创新。没有用到的，可否改为我们学到的结构？

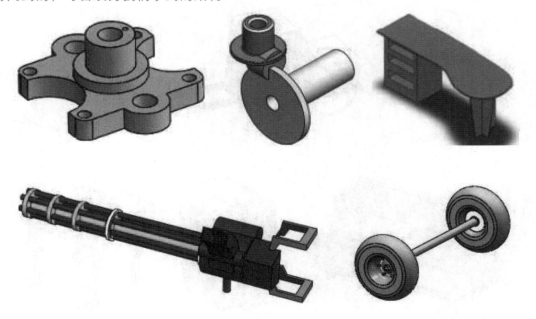

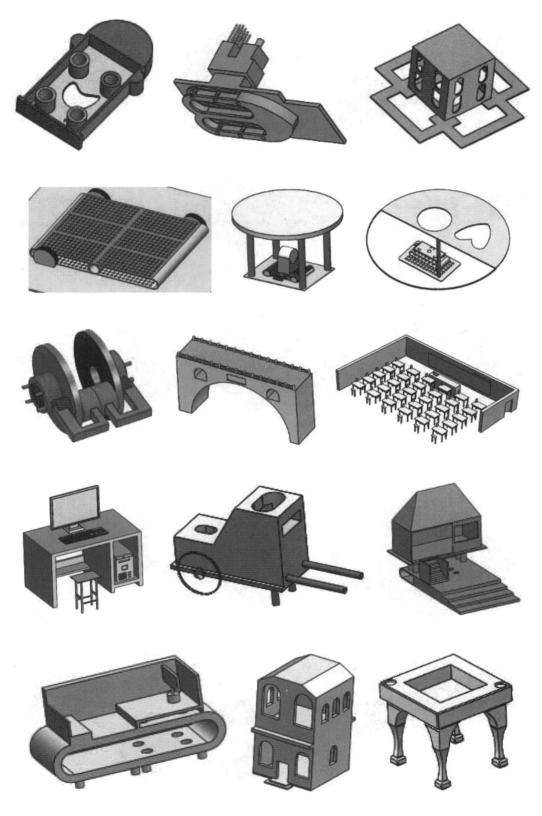

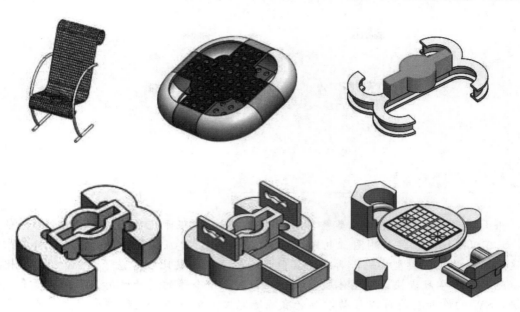

项目 4　平面图形绘制

【项目简介】

　　平面图形的绘制包括的种类繁多，本项目举例只是限于几种，不能概括全部，如用 SW 还可以画机械零件轴测图、电焊机的电气原理图、建筑平面图等。但是，只要掌握了这里给出的几种典型实例，再绘制其他类似的平面图就比较容易了。SW 的参数化绘图，能够带给学习者快速绘图体验，结合几何关系命令等的灵活运用，画图速度会越来越快。SW 的诊断功能可以帮助学习者准确地完整定义一条线段和整个图形，绘制完毕后可以保存为多种格式的文件，便于交流。

【项目目标】

　　1．学会简单标题栏的制作。
　　2．学习斜度锥度图形的制作及标注。
　　3．学会确定常见的 A3、A4 图框，学会图层的创建，线型、线色的设定。
　　4．学会直线、圆、多边形、等距命令的使用。
　　5．学会平面圆周阵列、线性阵列命令、区域填充命令、倒角命令的使用。
　　6．学会表面粗糙度、形位公差、尺寸公差、尺寸精度、基准符号、尺寸公差代号的标注，学会技术要求的标注。

【知识准备】

　　工程图环境下草图命令的使用，与零件环境的使用基本相同，但不形成立体图。

任务 4.1 简单草图绘制

任务 4.1.1 运用标准直线表格文字

■ 【任务描述】

完成图 4-1-1 所示的图形。

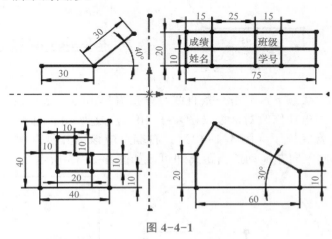

图 4-4-1

■ 【任务分析】

先在零件环境下熟悉画图过程，在工程图环境下，绘图也是可行的，并且功能更多，更接近 AutoCAD 画图环境，但做立体图必须在零件环境中，所以先在零件环境下熟悉画图过程，然后转到工程图环境。

■ 【任务实施】

作图过程如下：

（1）打开软件，单击"新建"按钮，单击"零件"按钮，单击"确定"按钮。

在前视基准面上绘制两条互相垂直的中心线（图 4-1-2），然后画两条直线，尺寸随意，执行"直线"命令，在绘图区域按照 1、2、3 的顺序依次单击，出现图 4-1-3 所示的两条线段。总体显示如图 4-1-4 所示。

（2）标注尺寸，执行"智能尺寸"命令（图 4-1-5），单击两条直线中的任意一条，立即出现长度数值（图 4-1-6）

移动鼠标指针离开线段一定距离（如 8 ～ 10 毫米），单击出现"修改"对话框，输入数据 30（图 4-1-7），线段长度自动变为 30，在屏幕空白处单击确认，如图 4-1-8 所示。另一条线段照此处理。如果不小心在空白处单击了，尺寸有了，就再单击尺寸数字，输入 30 即可。

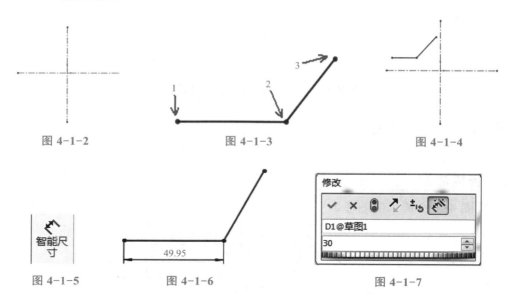

图 4-1-2   图 4-1-3   图 4-1-4

图 4-1-5   图 4-1-6   图 4-1-7

在"智能尺寸"状态下，单击一条直线，紧接着单击另一条直线，出现角度尺寸，如图 4-1-9 所示，并出现修改对话框（图 4-1-10），改为 40（图 4-1-11），单击对号确认。第一个图形就完成了（图 4-1-12）。右端点应该离开竖直中心线，单击左端点并按住鼠标左键不放，向左拖动适当距离即可，如图 4-1-13 所示。

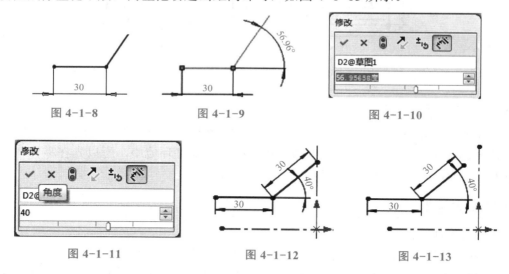

图 4-1-8   图 4-1-9   图 4-1-10

图 4-1-11   图 4-1-12   图 4-1-13

（3）开始绘制第二个图形。绘制长度 75 的直线，与竖直中心线之间预留尺寸 10～20 标注的空间（图 4-1-14）。

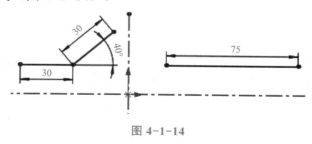

图 4-1-14

（4）等距实体。先找到命令（图 4-1-15）。执行命令，出现图 4-1-16 的对话框，按照提示进行选择。

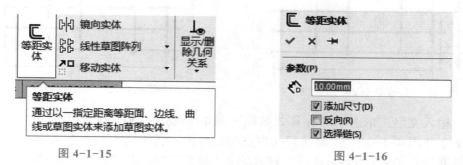

图 4-1-15

图 4-1-16

单击长度 75 的直线（图 4-1-17），在直线上面某处单击确定（单击的位置与原来直线的相对位置决定了等距线所在的方向），结果如图 4-1-18 所示。将尺寸 10 拖动到左边（图 4-1-19）。同样做距离 20 的等距线（图 4-1-20），画竖直直线（图 4-1-21）。

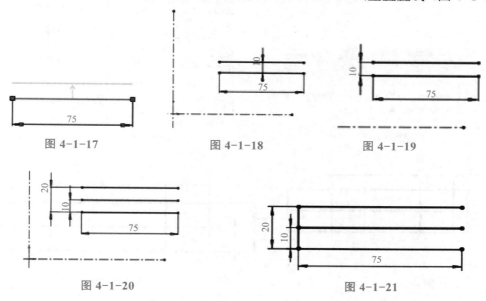

图 4-1-17

图 4-1-18

图 4-1-19

图 4-1-20

图 4-1-21

再做等距线如图 4-1-22 ～ 图 4-1-24 所示，注意不要勾选"选择链"。绘制右端竖直直线（图 4-1-25）。

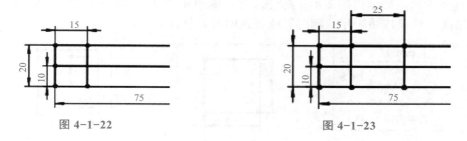

图 4-1-22

图 4-1-23

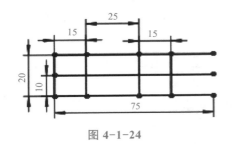

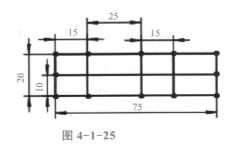

图 4-1-24　　　　　　　　　　　　　图 4-1-25

（5）输入文字。单击字母 A 样式图标（图 4-1-26）。输入文字"学号"，在原点处出现文字（图 4-1-27）。确认后（在空白处单击，否则后面拖不动文字），将文字拖到框格里合适位置（图 4-1-28）。同样输入"姓名""成绩""班级"等（图 4-1-29）。注意，文字字体也可以改变。

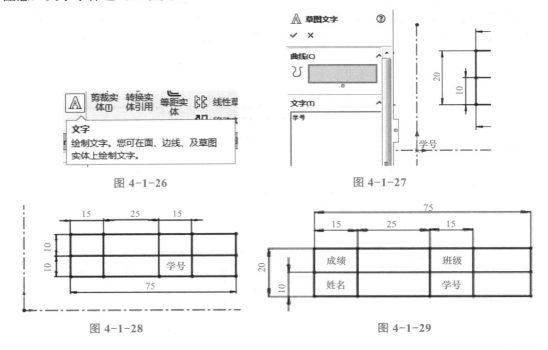

图 4-1-26　　　　　　　　　　　　　图 4-1-27

图 4-1-28　　　　　　　　　　　　　图 4-1-29

（6）保存文件后继续绘制左下角图形：执行"矩形"命令（图 4-1-30），绘制矩形，标注尺寸（图 4-1-31）。

用直线绘制矩形框内的图形：标注尺寸，如图 4-1-32、图 4-1-33 所示。标注尺寸时不要遗漏，建议按照顺序（顺时针或者逆时针）标注。

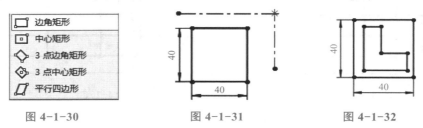

图 4-1-30　　　　　　　图 4-1-31　　　　　　　图 4-1-32

（7）保存文件后继续绘制第四个图形。绘制直线，标注尺寸（图 4-1-34）。然后添加垂直几何关系，命令如图 4-1-35 所示，选择两条没有长度尺寸的线段，单击"垂直"关系（图 4-1-36）。

结果如图 4-1-1 所示。全屏幕显示，保存文件。

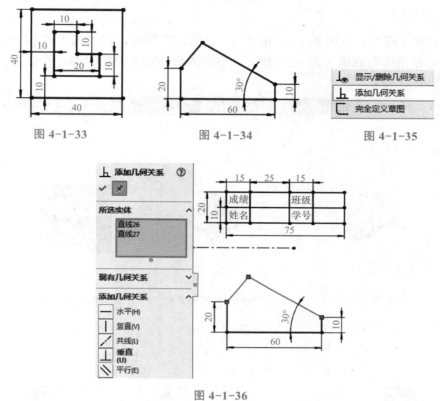

图 4-1-33　　　　　　　图 4-1-34　　　　　　　图 4-1-35

图 4-1-36

任务 4.1.2　绘制几何图形

【任务描述】

完成图 4-1-37 的几何图形绘制。

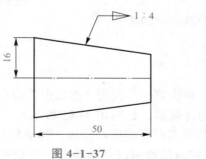

图 4-1-37

■ 【任务分析】

主要是练习五边形、六边形的绘制；学习斜度、锥度符号的标注，锥度符号需要用斜度符号组合绘出。

■ 【任务实施】

（1）新建工程图，在图 4-1-38 中单击"工程图"图标，再单击"确定"按钮。

我们不是做模型视图（图 4-1-39），单击界面左边上部的叉号，单击"整屏显示全图"（图 4-1-40）。

图 4-1-38

图 4-1-39   图 4-1-40

（2）绘制正六边形。单击草图，执行"多边形"命令（图 4-1-41），出现对话框，默认是内切圆，将其改为外接圆，如图 4-1-42 所示。

（3）在图纸的左上部单击，确定圆心位置，移动鼠标指针到合适位置，单击，画出六边形（图 4-1-43）。拖动端点可以移动位置，拖动圆弧上的一点，可以改变六边形大小。

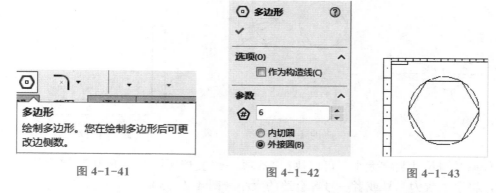

图 4-1-41　　　　　　　图 4-1-42　　　　　　　图 4-1-43

（4）画五角星：执行"多边形"命令，参数改为 5，外接圆，在图纸的右上部单击确定圆心，将鼠标指针上移，观察出现 90°字样时单击"确定"按钮（图 4-1-44），画直线（图 4-1-45～图 4-1-47）。裁剪多余线条，执行"剪裁实体"命令（图 4-1-48），选择"裁剪到最近端"（图 4-1-49）。

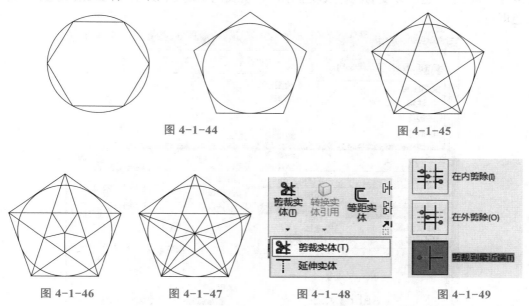

图 4-1-44　　　　　　　　　　　　　图 4-1-45

图 4-1-46　　　图 4-1-47　　　图 4-1-48　　　图 4-1-49

将鼠标指针移动到要剪掉的线段处，线段显示变色，然后单击"确定"按钮，线段剪掉（图 4-1-50）。确认后，保存文件。

提示

这里的五角星图案在放样中还要用得上。

（5）画斜度图形。

①在两图的下方画两条互相垂直的直线（图 4-1-51），标注尺寸 30 和 50，单击要标注尺寸的线段（如水平线），然后移动鼠标指针到合适位置，单击。弹出对话框，输入数据，单击对号确认（图 4-1-52）。

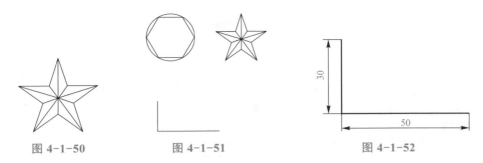

图 4-1-50　　　　　　　图 4-1-51　　　　　　　　　图 4-1-52

如果觉得尺寸数字太小，可以执行"选项"→"文档属性"→"尺寸"→"字体"→"点"命令，将字号改为二号或者一号等合适的大小（图 4-1-53）。

②继续画直线标注尺寸（图 4-1-54）。做长度为 40 的直线，再做长度为 10 的直线（图 4-1-55），两条线段之间体现 1 ∶ 4 比例，这两条线为辅助线，改为虚线表示，具体方法是执行"线段"→"线条样式"命令（图 4-1-56），选择虚线（图 4-1-57），结果如图 4-1-58 所示。也可以变为红色线段显示。单击线色（线条样式右边第二个图标），选择红色即可。

图 4-1-53

连接端点（图 4-1-59），画竖直线（图 4-1-60）。裁剪多余线段（图 4-1-61）。

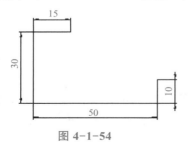

图 4-1-54

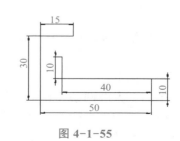

图 4-1-55

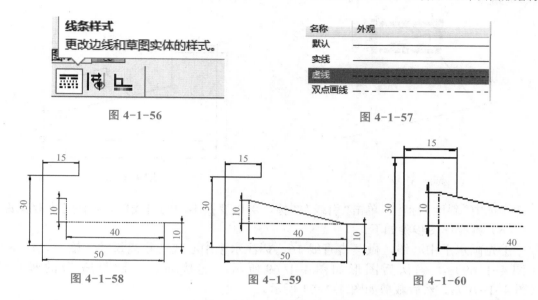

图 4-1-56　　　　　　　　　　　　图 4-1-57

图 4-1-58　　　　　　图 4-1-59　　　　　　图 4-1-60

③标注：执行"注解"栏中的"注释"命令（图 4-1-62）。出现"注释"对话框（图 4-1-63）。选择图中右下角引线，在斜线上单击确定箭头位置，在箭头右上方单击确定转折位置（图 4-1-64），然后单击添加符号图标（倒数第二排右数第二个带加号的图标）（图 4-1-65），选择斜度（图 4-1-66）。

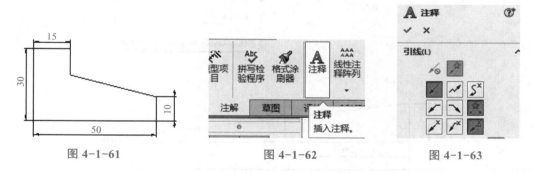

图 4-1-61　　　　　　图 4-1-62　　　　　　图 4-1-63

④单击斜度符号后，该符号出现在绘图区（图 4-1-67），将包含斜度符号的点框右拉，输入 1∶4，单击确认，结果如图 4-1-68 所示。字体、符号和数字大小可以改变，全选后改变字号即可。

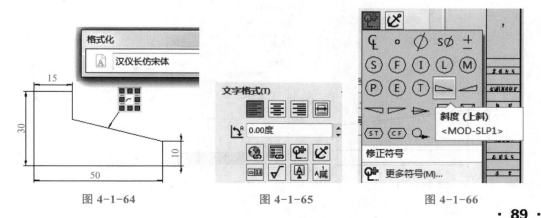

图 4-1-64　　　　　　图 4-1-65　　　　　　图 4-1-66

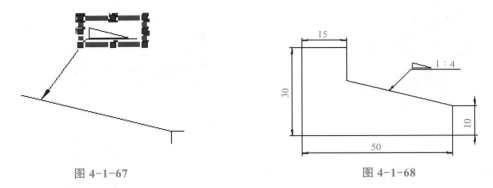

图 4-1-67　　　　　　　　　　　　　图 4-1-68

⑤选中"斜度"标注，单击"引线"图标，可以变换不同的引线样式。注意保存文件。

（6）锥度作图步骤如下：

①先画水平中心线，做竖直直线16，标注水平中心线的距离尺寸，输入"16*8"（图 4-1-69），确认后图形如图 4-1-69 所示。连接端点，做距离 50 的竖直线（图 4-1-70）。然后裁剪如图 4-1-71 所示。

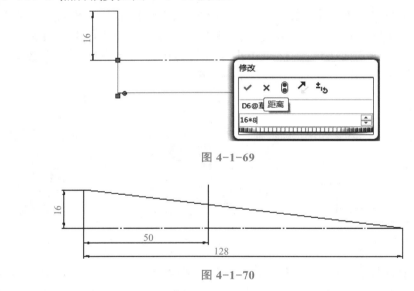

图 4-1-69

图 4-1-70

②镜像：将三条线段以中心线为对称线进行对称（图 4-1-72）。

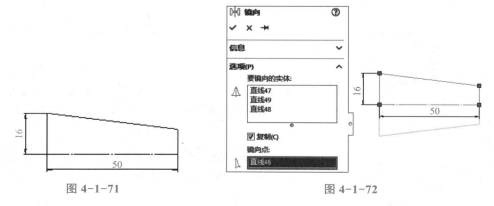

图 4-1-71　　　　　　　　　　　　　图 4-1-72

③添加锥度符号：执行"注释"命令，单击"添加符号框"，选择"圆锥锥度"符号（图 4-1-73）。

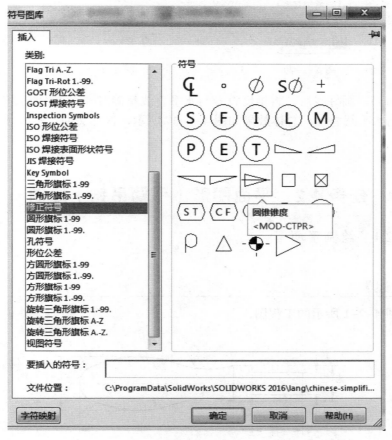

图 4-1-73

单击"确定"按钮，把框拉长，输入 1 ∶ 4，增大字体，在图形空白处单击，出现图 4-1-74 的注释，拖动注释到合适位置（大概位置）（图 4-1-75）。

④添加引线，用自带的箭头样式（图 4-1-76），都会带着文本框，取消不了。所以用"直线"命令的区域填充制作箭头。绘制折线，水平位置尽量跟锥度符号中心线对齐，有点错位不要紧，将来拖动调整即可。镜像箭头位置的三角形（图 4-1-77）。删除中线和点（图 4-1-78），执行"注释"栏中的"区域剖面线／填充"命令（图 4-1-79），参数如图 4-1-80 所示，结果如图 4-1-37 所示。

▷ 1 ∶ 4

图 4-1-74

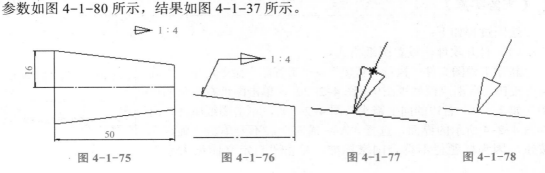

| 图 4-1-75 | 图 4-1-76 | 图 4-1-77 | 图 4-1-78 |

图 4-1-79   图 4-1-80

⑤调整布局。画好线后，将锥度符号与水平直线精确对齐，点中锥度符号的左边端点，拖动，与水平线叠加，总体效果如图 4-1-37 所示，保存文件。

任务 4.2　平面图形（手柄吊钩）绘制

任务 4.2.1　绘制手柄

■【任务描述】

绘制如图 4-2-1 所示的工程图。

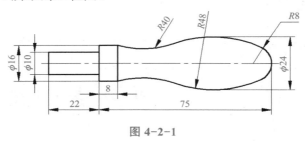

图 4-2-1

■【任务分析】

看懂图，先绘制已知线段，根据半径值和相切关系找出圆心的位置，就能绘制出圆弧来，逐个找出圆心，整个图形就绘制出来了。这是机械制图课程中的基本能力。用三维软件可以模拟手工图纸的实际作图过程，也可以利用添加几何关系更快作图。

■【任务实施】

绘图过程如下：

（1）打开软件，设置图纸格式。

新建工程图文件：执行"新建"→"工程图"命令，单击"确定"按钮。取消"模型视图"（图 4-2-2），单击图纸右下角的比例（如 2∶1）右边的向上箭头（图 4-2-3），单击图纸属性，出现图 4-2-4 所示的界面，选择"A4- 横向"，不要单击"确定"按钮，因为标题栏不符合国家标准。单击"自定义图纸大小"

图 4-2-2

（图 4-2-5），自动显示 A4 图纸大小，自己就不用输入数据了。单击"确定"按钮，
图纸显示出来，单击整屏显示全图，结果如图 4-2-6 所示。

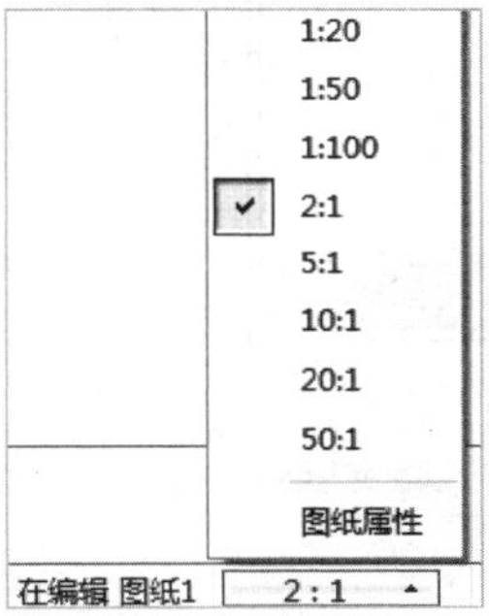

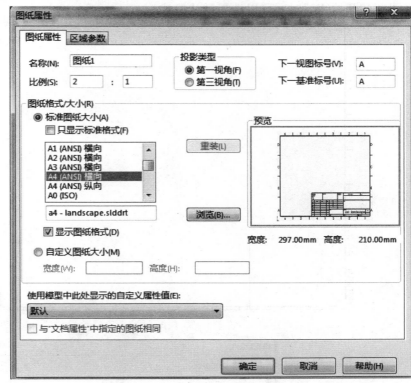

图 4-2-3　　　　　　　　　　　　　　　图 4-2-4

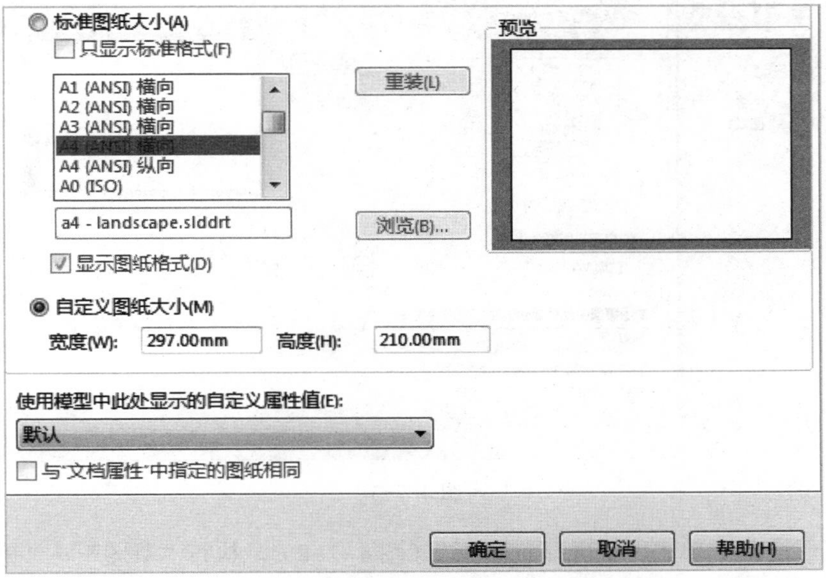

图 4-2-5

　　如果发现还是大图纸，就单击左边的图纸 1，在"图纸属性"中输入自定义图纸的尺寸：297、210，再单击"确定"按钮，就是自己所要的图纸了（图 4-2-7），然后绘制图形。开始练习时，可以选择默认格式。

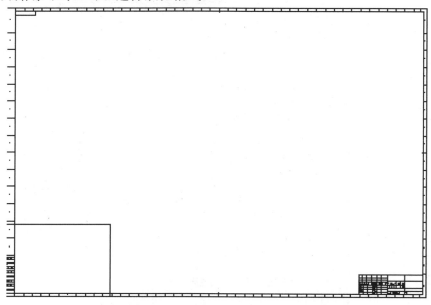

图 4-2-6

图 4-2-7

　　（2）矩形绘制。单击"整屏显示图纸"（图 4-2-8），执行"草图"→"矩形"命令，绘制 10×22 的矩形。绘制中心线，绘制 16×8 的矩形，注意矩形两边与中心线对称（图 4-2-9）。

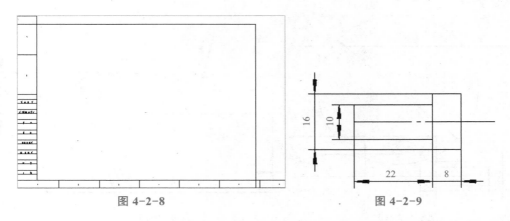

图 4-2-8　　　　　　　　　　　　图 4-2-9

（3）绘制直径 16 的圆，标注尺寸 75。用"智能尺寸"命令，选择长度 16 的竖直线段和圆弧，出现随机尺寸，确认，单击"引线"，选择"最大"，将尺寸改为 75 即可。结果如图 4-2-10 所示。

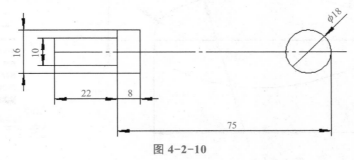

图 4-2-10

（4）绘制距离中心线 12（24 的一半）的线段，绘制直径 96（48 的两倍）的圆，如图 4-2-11 所示。

添加几何关系，让圆弧与线段相切（图 4-2-12）。

（5）绘制直径 80（40 的两倍）的圆，添加几何关系，圆弧经过矩形的角点，与直径 96 的圆相切（图 4-2-13）。

（6）裁剪多余线段（图 4-2-14）。

（7）镜像三段圆弧，结果如图 4-2-15 所示。

（8）加粗线段轮廓。选中要加粗的线，执行"线粗"命令，选择 0.5 或者 0.35 即可（图 4-2-16）。结果如图 4-2-17 所示。

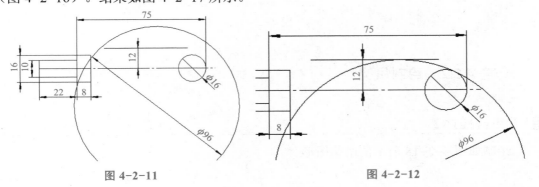

图 4-2-11　　　　　　　　　　　　图 4-2-12

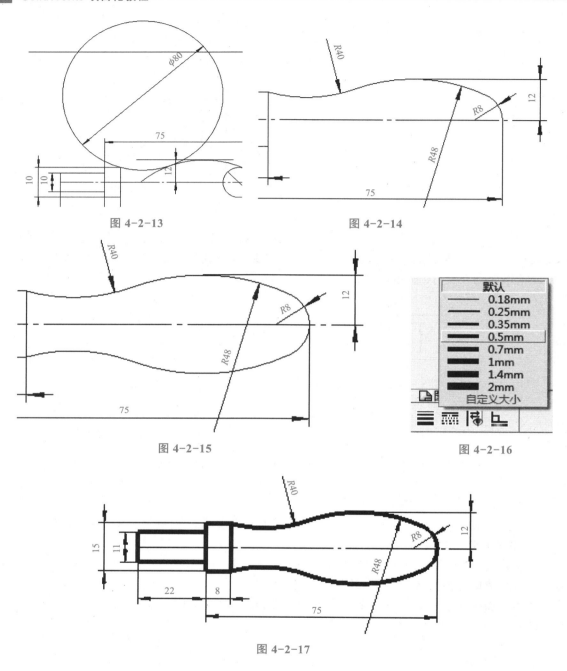

图 4-2-13

图 4-2-14

图 4-2-15

图 4-2-16

图 4-2-17

任务 4.2.2 绘制吊钩

【任务描述】

绘制如图 4-2-18 所示的吊钩图形。

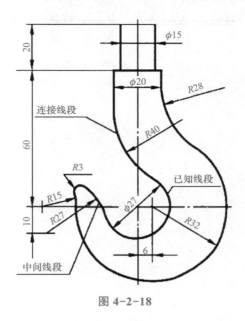

图 4-2-18

【任务分析】

整个绘图过程实质是找圆心的过程，根据顺序一个一个找出。圆弧内切，中心距就是半径之差；外切，中心距就是半径之和。圆与线段相切，圆心在平行于线段的线段上，距离是半径。根据学过的知识灵活运用就容易作图。做完图形后，可以更改某些圆弧的尺寸，看看图形的变化，想想吊钩实际的工作过程，哪些改动是有利的。

【任务实施】

作图过程如下：

（1）启动软件，执行"新建"→"工程图"命令，选择 210×297 格式 A4 纵向，如图 4-2-19 左下角区域所示。

（2）在图纸的正中绘制一条竖直中心线，默认最细的线粗，如图 4-2-20 所示。

（3）绘制 20×15 的矩形，让矩形左右两边以中心线对称（图 4-2-21）。单击尺寸数字 15，将光标放在〈DIM〉前面（图 4-2-22），单击直径符号（图 4-1-23），出现带括号的字母，图形变为图 4-2-24 的样子。

（4）绘制一条竖直线，利用"镜像"命令绘制另一条，标注尺寸 φ20（图 4-2-25）。

（5）直接用"直线"命令，将上端点连接起来（图 4-2-26）。

（6）利用"圆"命令，绘制直径 64 的圆，标注圆心与竖直中心线的距离 6，与水平线段的竖直距离 60（图 4-2-27）。

（7）利用"等距"命令，绘制右边的竖直线，距离 28（图 4-2-28）。

（8）执行"圆心/起/终点画弧"命令，绘制圆弧，与刚绘制的竖直线相交即可。标注尺寸 60（32+28）（图 4-2-29）。

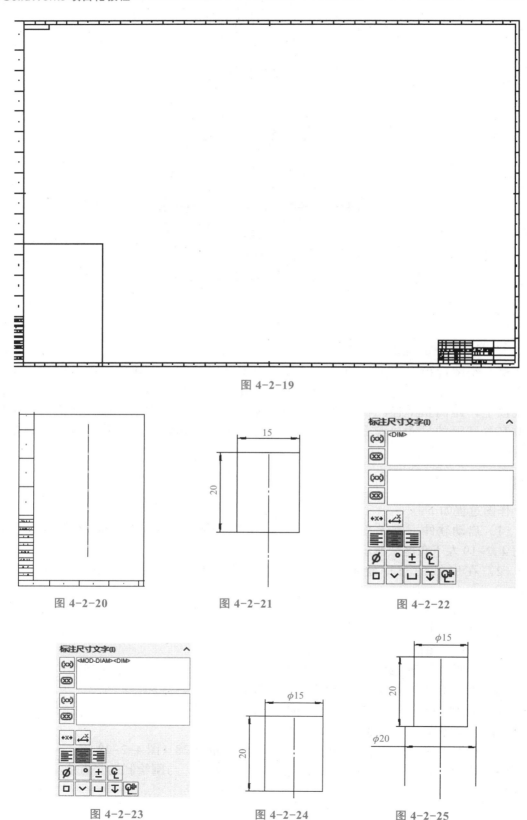

图 4-2-19

图 4-2-20

图 4-2-21

图 4-2-22

图 4-2-23

图 4-2-24

图 4-2-25

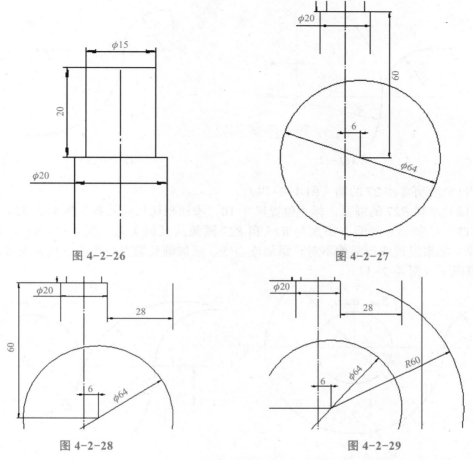

图 4-2-26   图 4-2-27

图 4-2-28   图 4-2-29

（9）以交点为圆心，绘制圆弧，标注尺寸 R28（图 4-2-30）。修剪多余线段（图 4-2-31）。

（10）经过 R64 的圆心绘制水平中心线，绘制 R15 的圆弧，圆心在中心线上，与直径 64 的圆弧相切（图 4-2-32）。裁剪多余线段，将尺寸 φ64 改为 R32（在尺寸数字 64 上单击鼠标右键，显示选项，显示为半径），结果如图 4-2-33 所示。

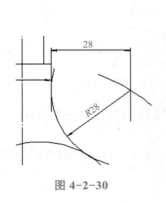

图 4-2-30

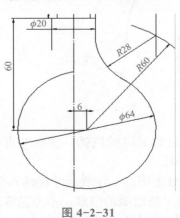

图 4-2-31

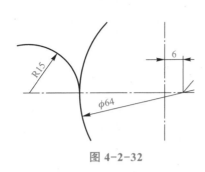 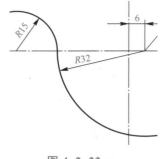

图 4-2-32　　　　　　　　　　　图 4-2-33

（11）绘制直径 27 的圆（图 4-2-34）。

（12）绘制 R27 的圆弧，标注位置尺寸 10，添加相切几何关系（图 4-2-35）。

（13）绘制 φ6 的圆，添加与 R15 和 R27 圆弧的几何关系（图 4-2-36）。裁剪多余线段。如果发现图形裁剪不对，添加连心线，添加圆弧端点与连心线重合关系，再裁剪就可以了（图 4-2-37）。

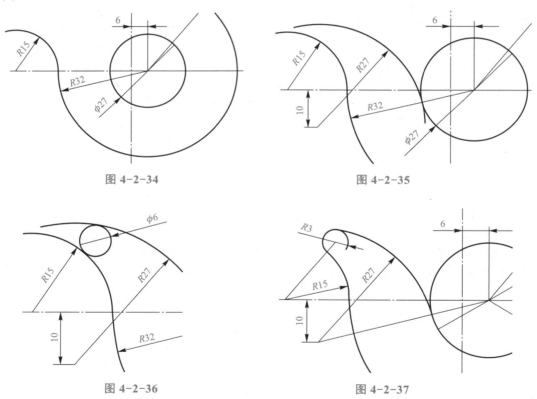

图 4-2-34　　　　　　　　　　　图 4-2-35

图 4-2-36　　　　　　　　　　　图 4-2-37

（14）绘制 R40 的圆弧，添加与直径 27 的圆和线段相切几何关系（图 4-2-38）。裁剪多余线段。

（15）修正图形，注意尺寸标注不交叉（图 4-2-39）。剪不动的或者修剪出问题的暂时不修剪。能隐藏的隐藏，不能隐藏的线段删除。

（16）加粗图形（图 4-2-40）。

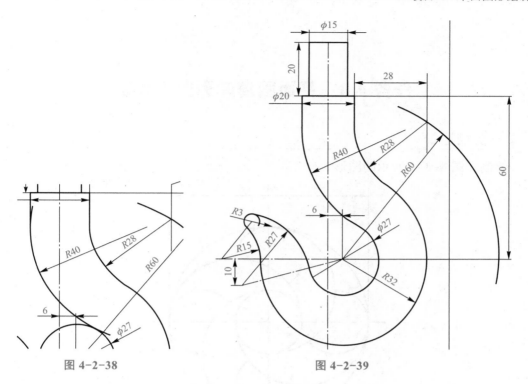

图 4-2-38

图 4-2-39

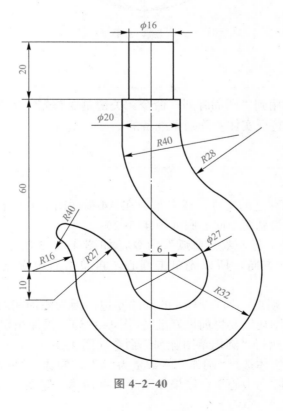

图 4-2-40

任务 4.3　平面圆周阵列图形绘制

▊【任务描述】

绘制如图 4-3-1 所示的图形。

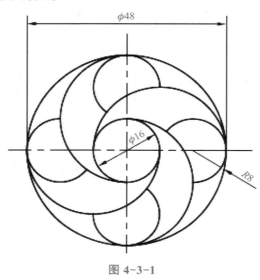

图 4-3-1

▊【任务分析】

绘制这些图形要用到"圆周阵列"命令。关键是要首先绘制出要阵列的元素。平面图素的阵列是为将来特征实体的阵列做准备的。

▊【任务实施】

绘图步骤如下：

（1）打开原来保存过的文件，或者重新在 A4 横向图纸上绘制出图框和标题栏，或者直接按照默认图纸绘制两个同心圆（图 4-3-2）。

（2）执行"圆心 / 起 / 终点画弧"命令，如图 4-3-3 所示，圆心在水平中心线上，圆弧默认逆时针方向，所以先单击圆心，再单击右边端点，再单击确定左边端点（图 4-3-4）。

（3）向左拖动左端点，到直径 16 的圆的左边，因为添加相切几何关系后，图形找最近的切点，所以画图初期要提前做好准备（图 4-3-5）。添加相切几何关系（图 4-3-6）。

（4）阵列圆弧，执行"圆周草图陈列"命令（图 4-3-7），按照图 4-3-8 操作，阵列中心为圆心，阵列实体选择"圆弧"，数量为"4"，勾选"等间距"，建议先选择"阵列实体"后再单击"阵列中心"，结果如图 4-3-9 所示（隐藏了直径尺寸 48 和 16）。

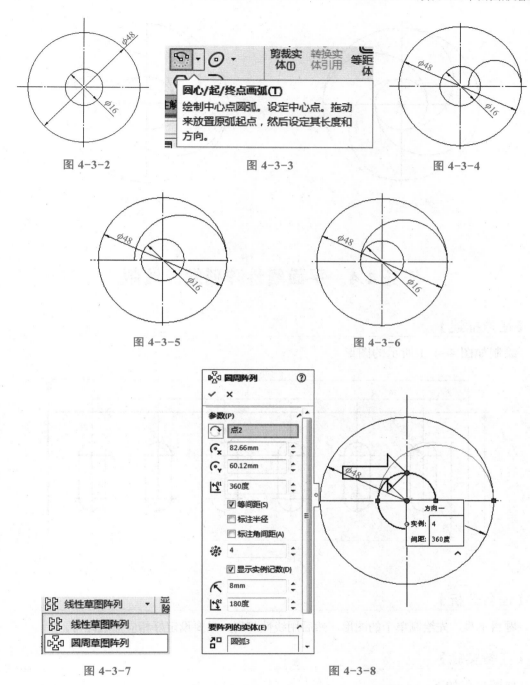

图 4-3-2   图 4-3-3   图 4-3-4

图 4-3-5   图 4-3-6

图 4-3-7   图 4-3-8

（5）绘制 *R*8 的圆弧。先绘制直径 16 的整圆，与大圆相切，再标注尺寸 16。裁剪多余圆弧（图 4-3-10）。

（6）阵列圆弧。重新标注直径 48、16，将直径 16 改为 *R*8，加粗线条，结果如图 4-3-1 所示。

（7）保存文件。

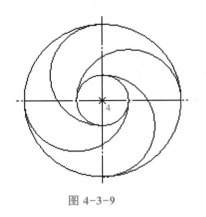
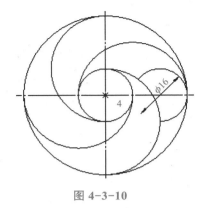

图 4-3-9   图 4-3-10

任务 4.4   平面线性阵列图形绘制

【任务描述】

绘制如图 4-4-1 所示的图形。

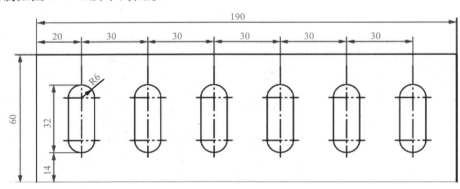

图 4-4-1

【任务分析】

题目不难，先绘制单个的图形，然后用线性阵列，只要设定好相应参数即可。

【任务实施】

作图过程如下：

（1）打开软件，新建工程图，绘制矩形 190×60。

（2）在矩形内绘制中心线、圆弧 R6 和两条直线，并标注尺寸（图 4-4-2）。

执行"智能尺寸"命令，单击两个圆弧，标注，单击"引线"，圆弧条件都改为最大（图 4-4-3）。不退出尺寸界面，单击原来尺寸，输入新尺寸 32，结果如图 4-4-4 所示。

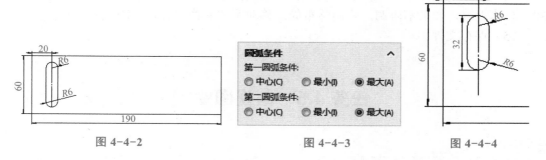

图 4-4-2　　　　　　　　图 4-4-3　　　　　　　　图 4-4-4

如果图形变形，撤销后，重做，就会成功。这些经验需要积累，需要思考。各种问题出现后要积极思考，总会有办法解决，找到出现问题的原因，然后改进作图方法，严谨思路和行为，能力也就会提高。

按照图 4-4-5 的做法再标注尺寸 14。单击下面 R6 圆弧和矩形下边线，单击"引线"，圆弧条件改为最小，输入尺寸 14，结果如图 4-4-5 所示。

（3）阵列。执行"线性阵列"命令，X 轴选择矩形下边线，按照图 4-4-6 所示进行参数设置，单击对号确认。如果出现多余线段，裁剪掉即可。结果如图 4-4-7 所示。

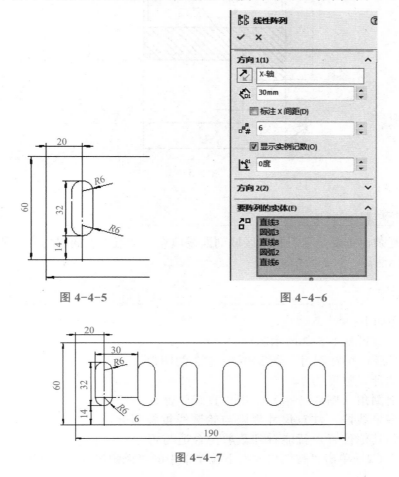

图 4-4-5　　　　　　　　　　　图 4-4-6

图 4-4-7

（4）合理布置视图。将尺寸 30 删除，数字 6 隐藏，添加中心线，重新标注尺寸 30，总体观察，如果不协调，要调整布局。移动实体后均匀合理（图 4-4-1）。

（5）保存文件。

任务 4.5　剖视图绘制

■【任务描述】

绘制如图 4-5-1 所示的图形。

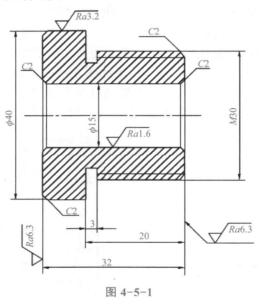

图 4-5-1

■【任务分析】

图形不复杂，主要是学习利用区域剖面线填充，学习"表面粗糙度"和"倒角"命令的使用和标注。

■【任务实施】

绘图步骤如下：

（1）大致绘制图 4-5-2 所示图形。

（2）镜像后，标注尺寸，得到图 4-5-3 的图形，退刀槽直径值先估计，宽度为 3。

（3）绘制倒角（图 4-5-4）。用"直线"命令，绘制斜线，裁剪多余线段，注意尺寸界限与轮廓线重叠部分，将尺寸拖动到其他位置，就能看到裁剪得合适与否。

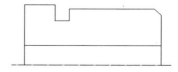

图 4-5-2

（4）标注 C2，单击"智能尺寸"下拉菜单中的"倒角尺寸"（图 4-5-5），单击倒角的斜边，再单击左边线，出现默认格式的尺寸，确认（图4-5-6）。

然后在特征栏下拉，找到图4-5-7所示的"标注尺寸文字"，将〈DIM〉删除，此时出现图4-5-8所示的提示，单击"是"按钮，输入 C2，如图4-5-9所示，图形状况变为图4-5-10。

拖动 C2 标记，到合适位置。

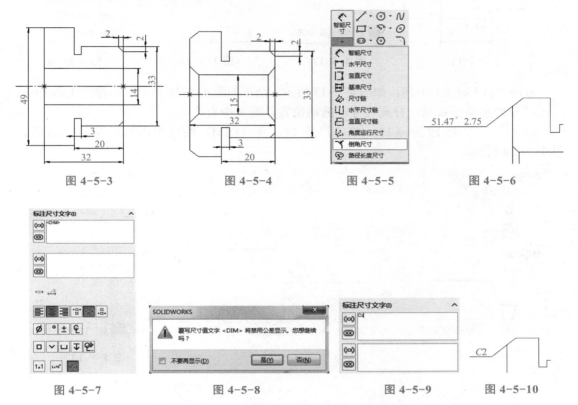

| 图4-5-3 | 图4-5-4 | 图4-5-5 | 图4-5-6 |

| 图4-5-7 | 图4-5-8 | 图4-5-9 | 图4-5-10 |

以此类推，将其他标记都标记出来（图4-5-11）。原来形式的倒角尺寸2，选中，单击鼠标右键，在弹出的快捷菜单中选择隐藏。

注意

一定是先单击斜边，再单击直角边。两个直角边肯定有一个是合适的。

（5）找到"区域剖面线／填充"命令（图4-5-12），单击要填充的区域。结果如图4-5-13所示。

如果剖面线填充不上，将多余（重复）线段删除，使得剖面线要填充的区域是单独的，不与其他线条相连。填充后再把线段补上。这个技巧要掌握。有时需要多删除几条，将来填充后再补充完整就行了。

（6）执行"表面粗糙度符号"命令（图4-5-14），再单击要标注的线。注意输入正确的参数，如 Ra3.2（图4-5-15），结果如图4-5-16所示。

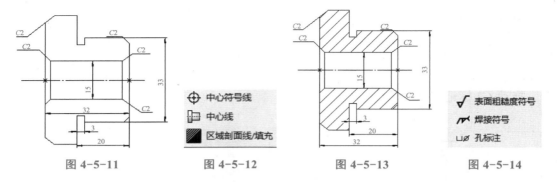

| 图 4-5-11 | 图 4-5-12 | 图 4-5-13 | 图 4-5-14 |

标注 $Ra6.3$ 时注意方向，如图 4-5-17 所示。结果如图 4-5-18 所示。同理标注 $Ra1.6$。

（7）初步调整布局，补充尺寸，拖动位置，缩短中心线等。

（8）将尺寸 15 改为 ϕ15，单击尺寸 15，在〈DIM〉前面单击直径符号，结果如图 4-5-19 所示。

| 图 4-5-15 | 图 4-5-16 | 图 4-5-17 |

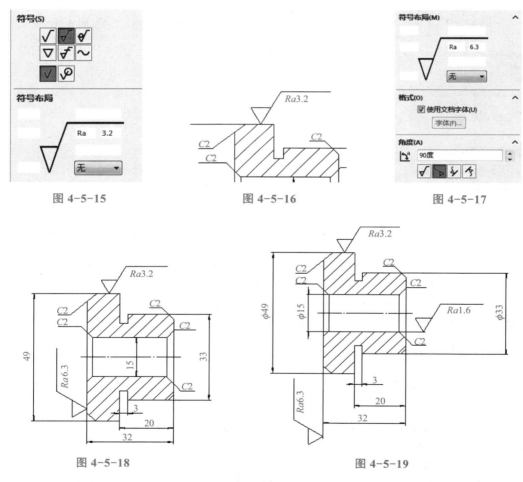

| 图 4-5-18 | 图 4-5-19 |

（9）画螺纹小径线。画细实线，以中心线对称，标注直径 33×0.85=28.05，如图 4-5-20 所示。

（10）检查补漏：添加右边 *Ra*6.3，注意单击引线符号，添加箭头。33 前加 M，隐藏直径数字 28.05。

思考：M33 的螺纹是第二系列的，应用较少。但我们作为绘图训练是没问题的。

螺纹的大径是粗实线，为了与国家标准相适应，将图形轮廓线都加粗（图 4-5-21）。

（11）满意后，保存文件。

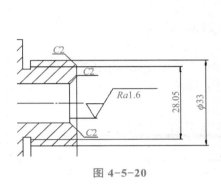

图 4-5-20

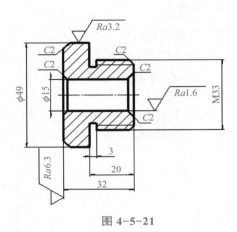

图 4-5-21

任务 4.6　画三视图

▌【任务描述】

绘制如图 4-6-1 所示的三视图。

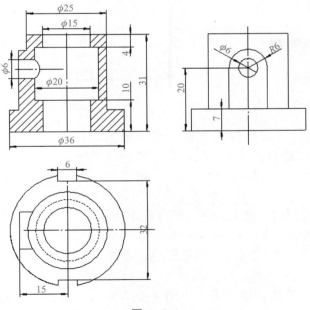

图 4-6-1

■【任务分析】

这里的绘图不是一根线一根线地描图，要看懂立体结构，根据机械制图中学过的形体分析法一个形体一个形体来画，不能把主视图全部图线画完，再画俯视图全部图线，要一个形体的三视图画完，再画另一个形体的三视图。否则，越画越乱。

■【任务实施】

绘图步骤如下：

（1）新建工程图。

（2）采用软件自带模版 A4 纵向，宽度 210，高度 297，能够放得下所有图（图 4-6-2）。

（3）画最大轮廓图形圆的直径 36，高度 45，宽度 36，确定三视图的基准位置（图 4-6-3）。标注尺寸后，总体观察，估计尺寸标注后能否图形美观，图线都能放得下，基本可以。

图 4-6-2

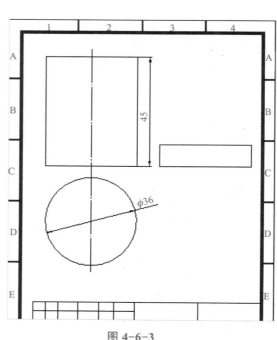

图 4-6-3

俯视图的标注较少，可以再下移一点（采用"移动实体"命令，选中圆及中心线，起点选择圆心，向下移动鼠标，大约 10 毫米，单击"确定"按钮）。

（4）先画底座轮廓：注意中心线。画直径 36 的圆，两个 36×6 的矩形（图 4-6-4）。

（5）画底座细节：标注尺寸。画水平线，添加线的端点与中心线对称关系，标注尺寸 6，然后镜像，标注尺寸 32，过程如图 4-6-5～图 4-6-7 所

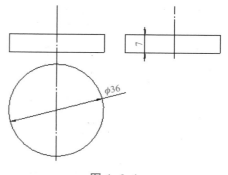

图 4-6-4

示。画缺口，过长度为 6 的直线的两个端点画两条竖直线，然后裁剪多余线段，结果如图 4-6-8 所示。

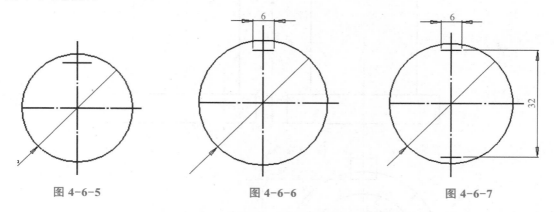

图 4-6-5　　　　　　　　　　图 4-6-6　　　　　　　　　　图 4-6-7

修正图形：添加共线几何关系，使得主视图与左视图高平齐。总体效果图如图 4-6-9 所示。注意保存文件。

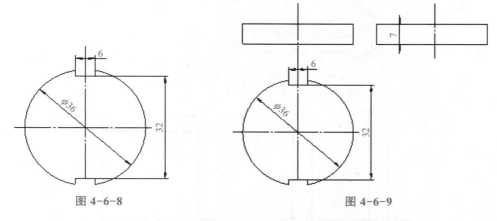

图 4-6-8　　　　　　　　　　　　　图 4-6-9

（6）画直径 25 的中间圆柱体三视图。先画俯视图直径 25 的圆，再画主视图的矩形，宽度 25，不要标注，用矩形边线跟圆相切的几何关系来实现。尺寸 31，确定矩形的高度。左视图的矩形跟主视图尺寸相等，注意高平齐的关系，用共线几何关系来确定。用尺寸 25 来保证宽度（图 4-6-10）。

（7）画直径 15 的通孔（图 4-6-11）。先画俯视图直径 15 的圆，再画主视图的矩形，左右边线与圆相切，上下边线与最上最下边线重合。左视图相关图线不画。注意，这里画的是矩形，不是两条直线。与机械制图基本体三视图吻合。

（8）画 ϕ20 的圆。结果如图 4-6-12 所示。先画俯视图直径 20 的圆，标注尺寸，选中圆，执行"线型"命令，选择"虚线"，如图 4-6-13 所示。主视图画矩形，左右边线与直径 20 的圆相切。上边线用尺寸 4 来确定，下边线用尺寸 10 来确定。

裁剪线条如图 4-6-14 所示。保存文件。

（9）画凸台三视图。

①在左视图上画直径 12 的圆，标注高度尺寸 20，画直线，裁剪，画中心线（图 4-6-15）。注意直线与圆的相切关系。

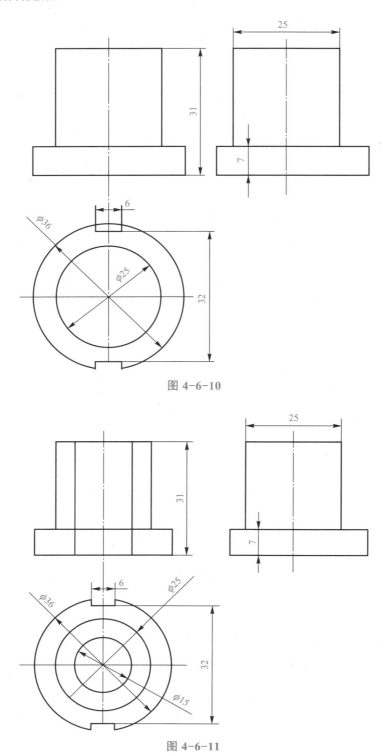

图 4-6-10

图 4-6-11

②画俯视图：画直线穿过中心线，添加对称关系，标注尺寸 15 和 12，画水平直线，俯视图完整（图 4-6-16）。

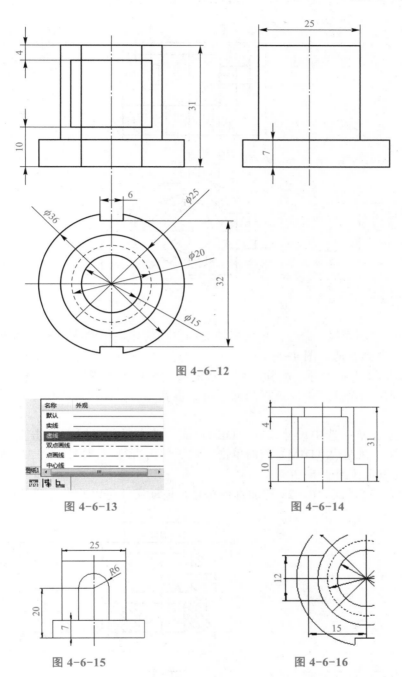

图 4-6-12

图 4-6-13

图 4-6-14

图 4-6-15

图 4-6-16

③画主视图，结果如图 4-6-17 所示。绘制竖直直线，添加俯视图线段与主视图线段共线关系。主视图画水平直线，添加几何关系，使得左视图的圆与水平线相切。

④画圆孔左视图和主视图（俯视图的线用于主视图定位），如图 4-6-18 所示。

（10）近似画法画相贯线，俯视图尺寸 6 的线段，与虚线圆的交点对应着主视图的相贯线的最右端点，用三点圆弧形成相贯线。

裁剪，包括辅助线。

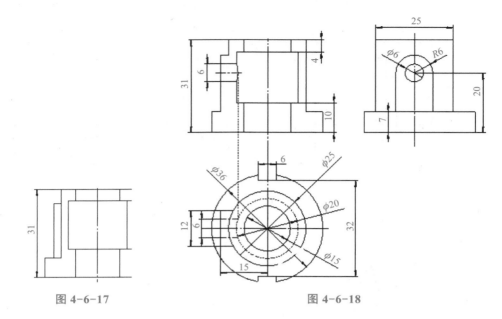

图 4-6-17   图 4-6-18

（11）执行"剖面线"命令，单击要填充的空白区域，剖面线出现，如果剖面线少，就增加数量，直到合适（图 4-6-19）。

（12）修整尺寸显示等。删除不用显示的尺寸，比如俯视图中的直径尺寸，单击鼠标右键，在弹出的快捷菜单中选择隐藏即可。重新用"智能尺寸"命令，在主视图相关位置标注尺寸。

将尺寸前加 ϕ：选中尺寸，在〈DIM〉前，单击，闪烁时，单击直径符号即可。如单击尺寸 36，在左边〈DIM〉前面单击，然后单击直径 ϕ 符号，在 36 前面出现 ϕ，标注改为"$\phi 36$"（图 4-6-20）。

其他类似，15、20、6、25 都加直径符号，拖动尺寸可以改变位置合理布局。

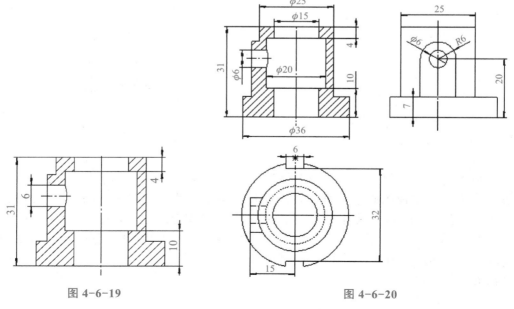

图 4-6-19   图 4-6-20

直径显示成半径的方法，将 ϕ12 改为 R6，选中它，单击鼠标右键，在弹出的快捷菜单中选择显示选项，显示半径。

（13）删除中心线上的点：选中点，单击鼠标右键，单击删除即可。再次检查修改视图中的错误，遗漏之处，补充完善（图 4-6-21）。

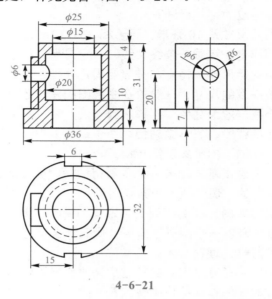

4-6-21

（14）保存文件。保存在自己的移动存储设备中。将来借用。建议用"另存为"，每次的保存留下记录，可以是将来查看反思改进的依据。

> ⌨ **注意**
>
> 注意 1：绘图中注意一个基本体的三视图画完后再画另一个基本体的三视图。
>
> 注意 2：正式出图时要画标题栏，并填写内容。
>
> 注意 3：根据标题栏设定打印线宽。

项目检测

---

1. 工厂用的标题栏尺寸怎样？
2. 怎样标注尺寸"8 P9"？
3. 竖立的 Ra3.2 怎样标注？
4. 剖面线的密度可否改变？
5. 小数点后的位数怎样调整？
6. 倒角的标注形式有几种？
7. 基准符号粗短横线在标注时需要自己画吗？

8. 尺寸公差如果一个偏差为 0，怎样标注？

9. A3、A4 图幅是多少？

10. 怎样根据图纸大小和图形最大尺寸确定画图的比例？

11. 怎样将尺寸箭头改变方向？

12. 怎样将直径数值改为半径标注？

13. 一条线段的画图尺寸是 10 毫米，可否标注成 20 毫米？

14. 两条线共线，或者一点跟一条线共线，一定是点在线段上吗？

15. 代表图纸大小的矩形 4 个角点，一般要固定处理，怎么办？

16. 三视图中代表高度的尺寸，一般放在主视图的左边还是右边？

17. 工程图中中心线一般为红色，怎样做到？

18. 在中心线一边的线段，怎样做到使之两个端点以中心线对称？

19. 标注尺寸时"DIM"的含义是什么？

20. 阵列图形时要先画出基本图形，为了看得清楚，要在单击阵列要素后，单击数量，将 1 改为 2 或者以上的数值，便于观察，对吗？

21. 线型阵列要确定方向，圆周阵列要确定阵列中心。要观察特征栏中变为蓝色的框是在什么位置？什么含义？一个图框是蓝色，代表什么意思？

22. 图形画错了，怎样处理？

23. 怎样知道一个图线是完全定义的？过定义时会出现什么？怎样处理？

24. 等距实体操作时，怎样选择作图快速？

25. SW 中最小的线宽是多少？

26. 尺寸可以删除，可以隐藏吗？两者结果一样吗？

27. 同时改变多条线段的颜色，怎样做到？

28. 锥度符号怎样做出来？

29. 可否用"4*12.5"绘制长度为 50 的线段？

30. 文字和注释代表的符号很相似，是字母 A，注意区别。

31. "学号"两个字，为什么会出现在原点位置？怎样将其移动到所需位置？为什么有时候拖不动？

32. 绘制图线，可以在零件图中绘制，也可以在工程图中绘制，两者有什么不同？

项目 5　用 SolidWorks 三维软件辅助学习机械制图

【项目简介】

　　本项目是本书的重点，有 6 个大任务，每个大任务中包含几个不等的子任务，详细说明 SW 三维软件在帮助学生学习机械制图方面的作用。掌握得比较扎实的学生可以跳过某些任务，基础知识比较薄弱的可以逐个练习。对于时间比较紧张的学习者来说，可以挑选一部分来做。这里的方法，如全剖、半剖、局部剖、阶梯剖、旋转剖、断面图等方法掌握后，要与机械制图结合思考。一定要使得图形符合国家标准，锻炼自己严格按照标准做事的心态。

【项目目标】

　　1. 学会基本体的造型方法，学会利用软件形成三视图，再次查看并记忆基本体的三视图，能够根据基本体的两个视图想出基本体的形状类型，画出第三个视图。

　　2. 用拉伸切除等命令形成截交线和相贯线。

　　3. 学习各种组合体的造型方法。

　　4. 组合体的尺寸标注，根据国家标准，删除多余尺寸，移动尺寸到合理位置。

　　5. 学习并掌握全剖、半剖、局部剖、阶梯剖、旋转剖、断面图等常见机件表达方法。

　　6. 学会一个零件的几种表达方法，开阔思路，灵活运用。课后找到以前学过的机械制图课本，自己尝试能够用几种方法表达一个零件。

【项目导航】

　　辅助中的"辅"，即辅佐，帮助。车字旁，代表三维工具像古代马车刚出现时使生产力得到迅猛发展一样促进了制图技术快速发展，我们有了三维软件，再回头看看学过的基础课程，解决几个基础问题，看到它对我们的帮助，就是它的用处。

　　助，即"且"和"力"，不是主要力量，方向一致的辅助力量，主要力量还是基础课程的基本技能，不能用软件完全代替基础理论。相反，软件是帮助我们学好基本理论的助手！

剖视图与外形图共同看图才能看懂物体的完整结构，内外同观才对，不可做两观，所以要用基本视图、向视图和剖视图、断面图等结合起来表达完整的结构，让别人看懂看完整。能用软件形成的视图就要用软件形成，因为线条清晰，不容易漏线，看图方便，容易修改改进，便于创新，形成系列图纸等。

将时间因素加入学习，就是经常想一想，对学到的新技能，过去现在未来有怎样的理解。刚开始学习时，若没有过去的理解，哪有未来的理解。到了一定程度的未来，比如期中时，要思考一下现在对某个技能的理解。

 【项目创新】

先照原样做出几个实体来，熟练操作了，再去创新。有些同学想着马上就去创新，结果有了想法做不出来，就是基本功不扎实导致的。照着课本原样做，是磨刀，创新像砍柴，磨刀不误砍柴工，就要有意识地在基本功上下功夫。比如有了棱锥和棱柱，可以将两者组合，可以叠加可以挖切，可以混合。在叠加时，重叠的面在哪里，就要有所选择。开始时要选择已有的平面做叠加。图 5-1-1 中的五种基本体，就是组合，但实体之间没有重叠的部分。那么重叠还有几种类型，如全部重叠，部分重叠、仅仅边线重叠等。可以试着几种情况去做。创新思路来源还是教材的基本概念。有了创新，兴趣就来了。这里是从机械制图入手，给出一个思路来，将思路运用到其他课本也是可行的。小试牛刀的做法是机械制图习题集的题目，还有制图测绘（虎钳），机械设计课程设计的减速器。

任务 5.1   基本体造型指导

■ 【任务描述】

如图 5-1-1 所示，完成以下 5 种基本体的造型。

图 5-1-1   基本体造型视频

■ 【任务分析】

以上 5 种立体，是制图过程中常用的基本体，也是构成复杂零件图或装配图的基本要素。其在绘制过程中，主要用到拉伸、旋转、放样、镜像等命令。绘制过程中需按照"打开软件→新建图形→选择基准面→绘制图形→检查、去除多余图线→保存图形"的顺序完成。

■【知识准备】

1．背景色的选择。

2．绘图基准面的选择，根据立体的放置方向，选择基准面。立着放置的实体，选择上视基准面向上拉伸。横着放置的实体（如轴类零件），选择右视基准面，向左或者向右拉伸。前后放置的立体一般选择前视基准面，向前或者向后拉伸实体。

3．绘制的草图一定是封闭的实体，不封闭时，软件会有提示。通过添加几何关系可以实现封闭。有重叠的图线也要去掉才能成实体。

4．机械制图相关概念的复习。如圆锥面是一个三角形围着直角边旋转而成的面，加上底面组成一个完整的面。三维软件中的圆锥不仅包括圆锥面，还包括圆锥面里面的部分，是个整体，是体的概念。注意区分不同点。

■【任务实施】

一、绘制圆柱体

（1）打开软件，执行"新建"→"零件"命令，单击"确定"按钮（图 5-1-2）。在零件界面中单击"应用布景"的下拉箭头（图 5-1-3），选择"单白色"或者喜欢的颜色（图 5-1-4）。

图 5-1-2

图 5-1-3

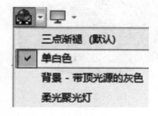
图 5-1-4

（2）选择绘图基准面（图 5-1-5）。其根据圆柱等物体的实际放置位置确定，做完后的立体与实际放置位置一样。多进行几次实验观察，就熟悉了。单击"草图绘制"（图 5-1-6），执行"圆"命令（图 5-1-7）。

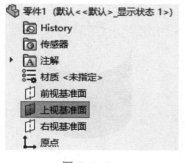
图 5-1-5

图 5-1-6

图 5-1-7

紧接着的第一次单击是确定圆心位置，第二次单击是确定半径。两个动作一气呵成（图 5-1-8）。

（3）做完圆后，如果精确做圆柱，一定标注尺寸。如果不求精确可以不标注，这时的圆也有一个实际的尺寸。单击"特征"（图 5-1-9）。

（4）执行"拉伸凸台"命令（图 5-1-10），自动出现预览，实体的颜色是淡黄色（图 5-1-11），拉伸尺寸一般默认为 10 毫米，输入需要的尺寸如 50，在屏幕空白处单击，预览变为图 5-1-12 情况。

图 5-1-8　　　　　　　图 5-1-9　　　　　　　图 5-1-10

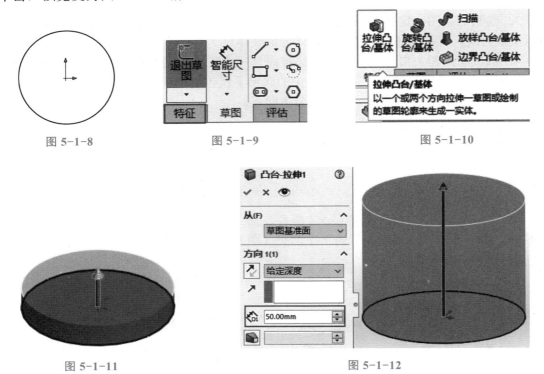

图 5-1-11　　　　　　　　　　　图 5-1-12

还可以拖动预览图中的箭头，到合适位置。拖动时出现标尺（图 5-1-13），根据标尺的尺寸确定很方便。单击对号后，出现实体（图 5-1-14、图 5-1-15）。

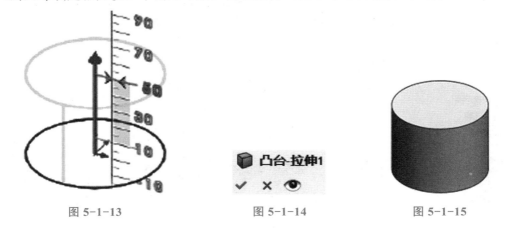

图 5-1-13　　　　　　　图 5-1-14　　　　　　　图 5-1-15

（5）保存文件。

（6）还可以用"旋转实体"命令，做法为：选择"前视基准面"，绘制矩形，如

图 5-1-16 所示。执行"特征"中的"旋转凸台"命令 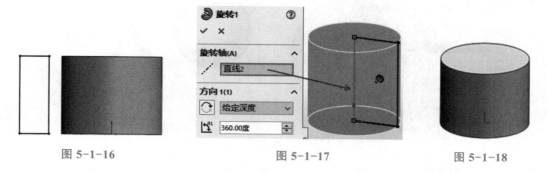 旋转凸台/基体 。单击"旋转轴线"，出现完整圆柱预览（图 5-1-17），确认后立体形如图 5-1-18 所示。

图 5-1-16　　　　　　　　图 5-1-17　　　　　　　　图 5-1-18

二、绘制圆锥体

（1）单击"前视基准面"，单击"草图绘制"（一定不能省略，否则图形绘制不出来），利用"直线"命令绘制直角三角形（图 5-1-19）。

（2）执行特征中的"旋转凸台"命令，单击竖直的线段，出现预览视图，检查无误后单击对号确认，圆锥形成，如图 5-1-20 所示。

（3）保存文件（图 5-1-21）。

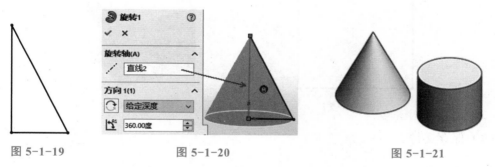

图 5-1-19　　　　　　　　图 5-1-20　　　　　　　　图 5-1-21

三、绘制圆球体

（1）选择"前视基准面"，单击"草图绘制"，绘制圆，如图 5-1-22 所示。再绘制直线如图 5-1-23 所示。裁剪成半圆（图 5-1-24）。

图 5-1-22　　　　　　　　图 5-1-23　　　　　　　　图 5-1-24

（2）执行"特征"中的"旋转凸台"命令，单击直径，预览如图 5-1-25 所示，确认后圆球形成。形成圆球的半圆什么方向都可以。

（3）保存文件（图 5-1-26）。

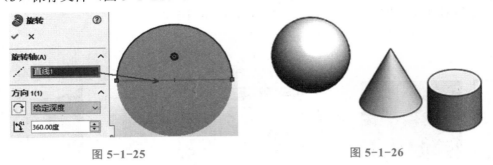

图 5-1-25　　　　　　　　　　　　图 5-1-26

四、绘制棱柱

棱柱中最典型的是四棱柱，即长方体。

（1）选择"上视基准面"，绘制矩形（图 5-1-27）。

（2）执行"拉伸凸台"命令（图 5-1-28）。总结：向上拉伸凸台，在俯视图位置画草图即"上视基准面"做草图。向右拉伸凸台，在左视图位置即"右视基准面"上做草图。向后拉伸凸台，在"前视基准面"做草图。

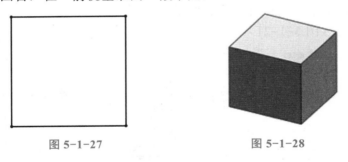

图 5-1-27　　　　　　　　　　　　图 5-1-28

（3）保存文件。

五、绘制棱锥

以四棱锥为例。

（1）在"上视基准面"做矩形（四边形）（图 5-1-29）。

（2）退出草图（图 5-1-30）。一定要退出草图，若不退出，则软件认为是一个草图。

（3）建立基准面。单击"参考几何体"的下拉箭头，单击"基准面"（图 5-1-31）。单击"零件 1"前面的黑三角（图 5-1-32）。单击箭头所指的"上视基准面"，这时上视基准面名称自动出现在基准面对话框中（图 5-1-33），点击下面箭头所指的向上箭头，将距离栏中的数据增加到合适的数值如 80，单击对号确认。创立的基准面如图 5-1-34 所示。

图 5-1-29

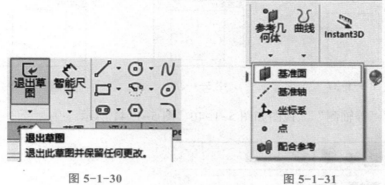

图 5-1-30　　　　　　　　　　　　　　　图 5-1-31

（4）在基准面 1 变蓝的状态下（选中或者激活状态）（图 5-1-35），单击"正视于"（图 5-1-36）。界面变为图 5-1-37。

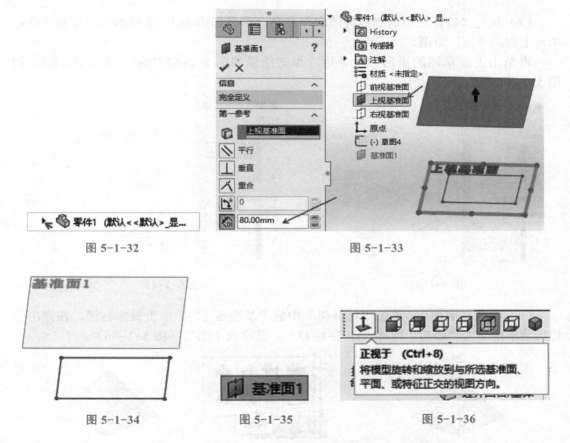

图 5-1-32　　　　　　　　　　　　　　　图 5-1-33

图 5-1-34　　　　　　　图 5-1-35　　　　　　　图 5-1-36

（5）执行"草图绘制"→"点"命令。将鼠标指针虚放在左边和上边线段上，出现中点后慢慢移动鼠标指针，出现虚线，在两条虚线的交点处单击（图 5-1-38），点出现。单击对号确认（图 5-1-39）。

（6）退出草图。注意必须退出草图。共两次退出草图，所以有了两个草图。一个草图是形不成放样的。这个特点跟以前学过的扫描一样。

图 5-1-37   图 5-1-38   图 5-1-39

（7）单击"等轴测"。视图如图 5-1-40、图 5-1-41 所示。

图 5-1-40   图 5-1-41

（8）执行"特征"中的"放样凸台"命令，出现如图 5-1-42 所示的放样对话框。单击上面的"点"草图。

再单击下面草图的矩形的一条边，预览结果如图 5-1-43 所示。确认后，结果如图 5-1-44 所示。

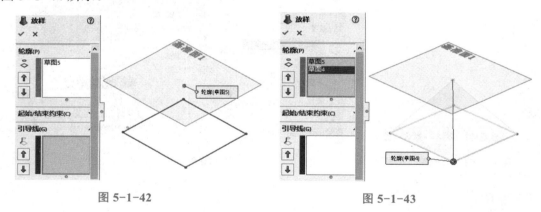

图 5-1-42   图 5-1-43

（9）隐藏基准面 1，单击"特征树"中的"基准面 1"，单击鼠标右键，在弹出的快捷菜单中单击"眼睛"图标（图 5-1-45）。基准面 1 消失（图 5-1-46）。

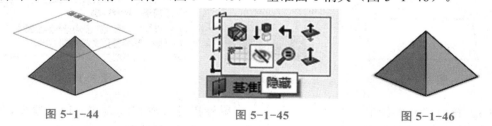

图 5-1-44   图 5-1-45   图 5-1-46

（10）保存文件。已经作出的五种基本体如图 5-1-1 所示。

项目创新实例：

（1）棱柱与棱锥的组合（图 5-1-47）。

（2）圆柱与圆锥的组合（图 5-1-48）。

（3）量子杯放样的创新。

①在上视基准面绘制椭圆（图 5-1-49），退出草图。

②距离上视基准面 160~200 创建基准面 1，并绘制较大的椭圆，注意原点对齐，然后退出，薄壁放样（图 5-1-50）。

③在距离上端面约 50 毫米的位置创建基准面 2，并绘制小椭圆，在上端面绘制大椭圆，两个椭圆的位置关系如图 5-1-51 所示。然后放样（图 5-1-52）。

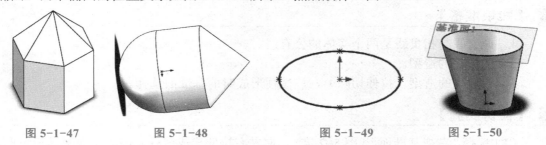

图 5-1-47　　　　　图 5-1-48　　　　　图 5-1-49　　　　　图 5-1-50

④放样切除（图 5-1-53）。

⑤放样切除多余材料（图 5-1-54）。

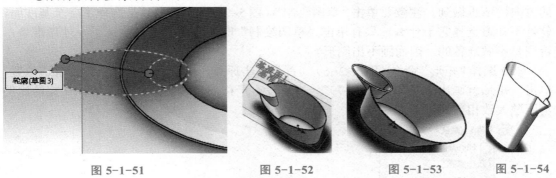

图 5-1-51　　　　　图 5-1-52　　　　　图 5-1-53　　　　　图 5-1-54

任务 5.2　截交线与相贯线立体的制作

任务 5.2.1　四棱柱挖去三棱柱

▌【任务描述】

根据两面视图补画第三视图（图 5-2-1 所示是原题，图 5-2-2 所示是立体图，图 5-2-3 所示是俯视图答案）。

图 5-2-1　　　　　　　　　图 5-2-2　　　　　图 5-2-3

■ 【任务分析】

截交线与相贯线是学习机械制图时的难点，有了三维软件，这个问题就迎刃而解了。下面我们进行学习。

这是四棱柱上挖去了三棱柱，所以造型的思路是先做四棱柱，然后拉伸切除三棱柱。属于组合体的挖切类型。

■ 【知识准备】

1．截交线与相贯线是两个实体的公有线。
2．四棱柱的造型。
3．三棱柱的造型（拉伸切除），三棱柱形成时的基准面选择。

■ 【任务实施】

（1）选择"右视基准面"（图 5-2-4），向左右拉伸形成棱柱。因为主视图是长矩形，左视图是棱柱截面四边形，而软件中没有设定左视基准面，只有右视基准面，实质左、右视是一个基准面，只是看图的方向不同而已。将来应用时注意绘制草图的方位和拉伸的方向，不难做到。注意要单击"草图绘制"（图 5-2-5），否则只是选择了一个基准面，软件不知道选择它干什么。只有单击"草图绘制"时，它才知道要画图了，才做准备；否则是不做准备的，因而画不出图形。

（2）选择"矩形"命令（图 5-2-6）。首先单击原点，然后移动鼠标指针到合适位置，单击，矩形就画出来了（图 5-2-7）。这里没有严格的尺寸要求，只需估计长宽的比例与原题大致相当即可。

图 5-2-4　　　　图 5-2-5　　　　图 5-2-6　　　　图 5-2-7

（3）拉伸凸台，这里的深度也是估算值，觉得比例差不多就行，如图 5-2-8 所示。

（4）选择"基准面"，即矩形草图所在的面，也是原点所在的面，如图 5-2-9 所示。绘制草图必须选择基准面，原有的三个基准面和实体中的任何表面都是可以应用的。

（5）正视基准面绘图，这样作图比较准确。先绘制中心线。执行"中心线"命令（图 5-2-10），然后绘制一半三角形（图 5-2-11）。

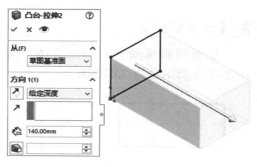

图 5-2-8

（6）镜像一半三角形，形成完整的三角形。执行"镜像实体"命令（图 5-2-12），中心线是镜像点。按照图 5-2-13 选择。

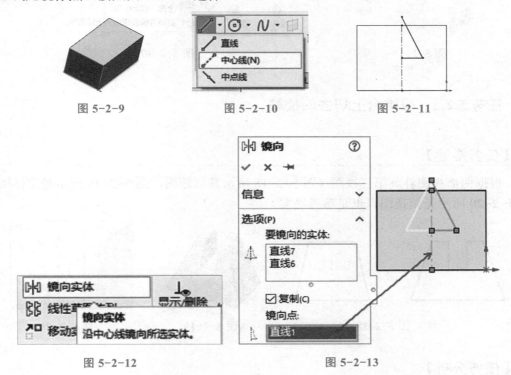

图 5-2-9　　　　　　　　图 5-2-10　　　　　　　　图 5-2-11

图 5-2-12　　　　　　　　　　　　图 5-2-13

（7）立体观察，情形如图 5-2-14 所示。

（8）拉伸切除，深度与四棱柱长度一样，或者更长些。预览如图 5-2-15 所示。结果如图 5-2-16。

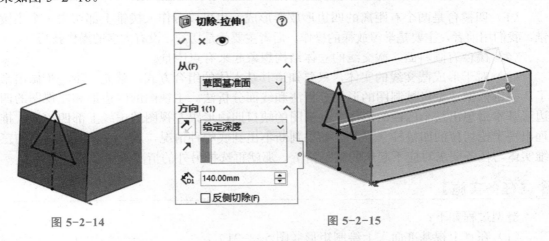

图 5-2-14　　　　　　　　　　　　图 5-2-15

（9）观察俯视图，单击图 5-2-17 所示的图标。结果如图 5-2-3 所示。

（10）绘制俯视图。根据软件的俯视图，搞清楚每条线的含义与对应关系，再绘制俯视图就不难了。注意虚线要加上。

图 5-2-16   图 5-2-17

任务 5.2.2 棱锥台上切去四棱柱

【任务描述】

根据两面视图补画第三视图（图 5-2-18 所示是原题图，图 5-2-19 所示是立体图，图 5-2-20 所示是俯视图，也是参考答案）。

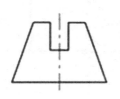

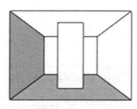

图 5-2-18   图 5-2-19   图 5-2-20

【任务分析】

这是在棱锥台上切去小四棱柱。

【知识准备】

（1）四棱台是两个有距离的四边形放样形成，也可以看作大棱锥上部切去一个小棱锥，我们用前者，主要是学习放样的操作。后者主要就是切割，没有太多的操作技巧。

（2）棱台有倾斜面，截交线的立体结构想象起来有点困难。

（3）对于形成截交线的实体，只要知道其基本体的组合方式，就能一步一步做出来了。关键依据还是机械制图的形体分析法和线面分析法。主视图的四边形和左视图的四边形基本猜想出是个四棱的形体。主视图的缺口四边形跟左视图的虚线上部四边形，推理出一个挖切掉的四棱柱（锥）。如果判断不出到底哪种情况，就一一试验，做出的三维实体与任务要求对应不起来的就是错了。那就再选择另外的情况，去试验，对照。

【任务实施】

造型过程如下：

（1）在"上视基准面"上绘制矩形（图 5-2-21）。

（2）绘制中线（图 5-2-22）。

（3）选择原点和中心线（图 5-2-23）。

（4）添加几何关系，使得原点是中心线的中点（图 5-2-24）。

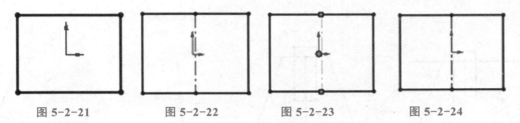

图 5-2-21	图 5-2-22	图 5-2-23	图 5-2-24

（5）退出草图，这时草图呈现灰色。

创建基准面，离开"上视基准面"50毫米。先展开零件，单击绘图区域中的"上视基准面"，自动进入"选择"框，在"距离"栏内输入 50，单击对号确认（图 5-2-25）。正视于基准面，执行"正视于"命令，界面变为图 5-2-26。

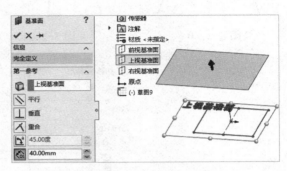

图 5-2-25

（6）在基准面 1 上绘制矩形，使得原点在矩形的正中间（图 5-2-26）。

（7）再次退出草图，立体观察（图 5-2-27）。

（8）放样。分别选择上下两个矩形的对应边，出现图 5-2-28 的预览图形，确认后棱柱生成。单击上下矩形时要注意对应关系，否则会扭曲。试着多次练习观察体会。

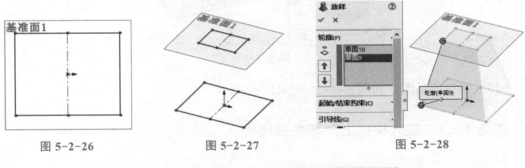

图 5-2-26	图 5-2-27	图 5-2-28

（9）确认，一般要在屏幕绘图区空白处单击。结果如图 5-2-29 所示。

（10）寻找合适的绘图基准面，将鼠标指针虚放在三个基准面上，出现预览，看看哪个合适，在合适的基准面上单击确定。这里确定图 5-2-29 中立着的四边形的前视基准面。为了作图方便，刚开始绘制草图时要利用原点作为对称点。学习者要注意这个快速作图的技巧。

图 5-2-29

（11）执行"正视于"命令，在前视基准面上绘制草图，先画中心线，再画不对称的矩形，添加几何关系，使之对称（图 5-2-30）。为了不造成混乱，隐藏基准面 1（图 5-2-31）。

（12）拉伸切除，初始界面如图 5-2-32 所示，只切除一半不符合要求。按照图 5-2-33 重新设定参数，确认。效果图如图 5-2-19 所示。保存文件。

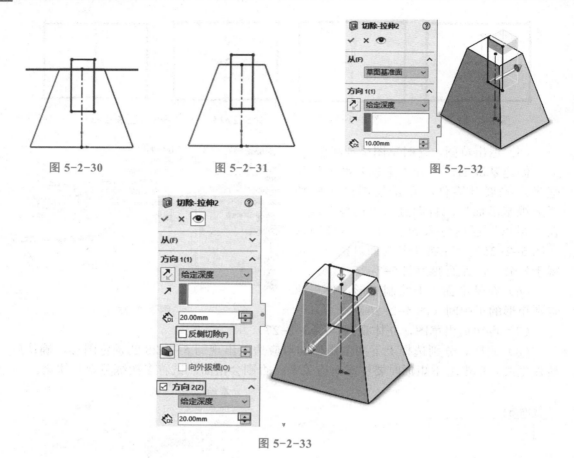

图 5-2-30   图 5-2-31   图 5-2-32

图 5-2-33

（13）观察俯视图，如图 5-2-20 所示。

任务 5.2.3 正六棱柱上剖切去四棱柱

【任务描述】

根据两面视图补画第三视图（图 5-2-34 所示是原题图，图 5-2-35 所示是立体图，图 5-2-36 所示是左视图）。

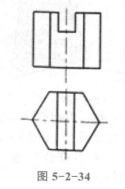

图 5-2-34

图 5-2-35

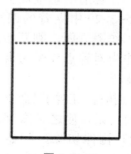

图 5-2-36

■【任务分析】

正六棱柱上部切去四棱柱。

■【任务实施】

造型过程如下：

（1）在上视基准面绘制六边形（图 5-2-37），第一次单击原点确定六边形中心，第二次单击原点正右方某点确定大小和方位。如图 5-2-38 所示。

（2）拉伸成正六棱柱（图 5-2-39）。

图 5-2-37　　　　　　　　　　　　　　　　　图 5-2-38

（3）在前视基准面绘制中心线和矩形。矩形的两条竖线以中心线对称（图 5-2-40）。

（4）切除（图 5-2-41）。注意两个方向同时切除，如图 5-2-35 所示。这时要用等轴测观察，才准确。

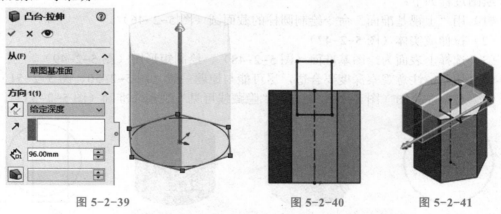

图 5-2-39　　　　　　　　　　图 5-2-40　　　　　　　　图 5-2-41

（5）左视图观察，分别执行图 5-2-42 所示的"左视"和图 5-2-43 所示的"隐藏线可见"两个命令，结果如图 5-2-36 所示。

图 5-2-42　　　　　　　　　　　　　　图 5-2-43

任务 5.2.4 圆柱体偏切剖

■【任务描述】

圆柱体偏切割，补画第三视图（图 5-2-44 所示是原题图，图 5-2-45 所示是参考答案）。

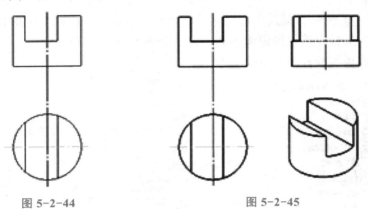

图 5-2-44　　　　　　　　　　图 5-2-45

■【任务分析】

不对称的切割，有两个大小不同的矩形，矩形的高度一样。对称的切割得到的两个矩形是一样大的。

■【任务实施】

绘图过程如下：

（1）用"上视基准面"命令绘制圆柱的截面圆（图 5-2-46）。

（2）拉伸成实体（图 5-2-47）。

（3）选择上表面为绘图基准面（图 5-2-48），绘制矩形图（图 5-2-49）。

（4）切割，注意观察深度要合适，尽可能与原题一致（图 5-2-50、图 5-2-51）。

（5）观察左视图（图 5-2-52），用"隐藏线可见"观察才准确（图 5-2-53）。

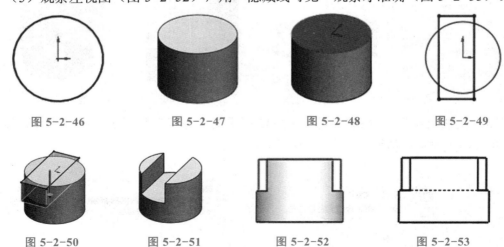

图 5-2-46　　　　图 5-2-47　　　　图 5-2-48　　　　图 5-2-49

图 5-2-50　　　　图 5-2-51　　　　图 5-2-52　　　　图 5-2-53

（6）分析虚线、实线的含义。左视图实质是两个矩形的叠加，因为圆柱被平行于其轴线的平面切割得到矩形，被两个矩形切割，得到两个矩形，看起来画的是线，实质是画矩形。两个大小不等的矩形重叠部分，在下边是不可见的，所以是虚线，在上部与上顶面重合是实线。这个分析总结才是做这个题目的真正含义。理论的定性分析，是画图的关键，要查书确定，书上都有各种情况的归纳分析。在练习中要注意学会自己的分析思考。看到立体的结构只是一个帮助，还要总结。

任务 5.2.5　圆柱体两边对称切割

■【任务描述】

圆柱体两边对称切割，补画第三视图（图 5-2-54 所示是原题，图 5-2-55 所示是参考答案）。

■【任务分析】

圆柱体切割，要分析切割平面的位置，切割后得到的实际形状的性质要符合教材的结论。画图时要明确知道这个结论。实际的图形性质不变但形状有所变化，因为圆柱体内部已经切去了一个小圆柱，所以线段有所变化。

作图时可以先把切去的小圆柱补上，做出图形后，再考虑切去后的变化。

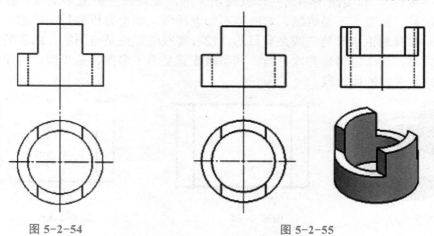

图 5-2-54　　　　　　　　　　图 5-2-55

■【任务实施】

作图过程如下：

（1）用"上视基准面"命令绘制圆柱的截面圆——两个同心圆（图 5-2-56）。

（2）拉伸成实体，图 5-2-57。

（3）选择上表面为绘图平面（图 5-2-58）。

（4）绘制中心线，对称的矩形（图 5-2-59）。

（5）切割（图 5-2-60）。

（6）看左视图，两种视图状态（图 5-2-61、图 5-2-62）。

（7）思考各个线段的含义。

图 5-2-62 中间的两条虚线是圆柱内孔的轮廓线（图 5-2-63）。其余的实线是怎么来的？

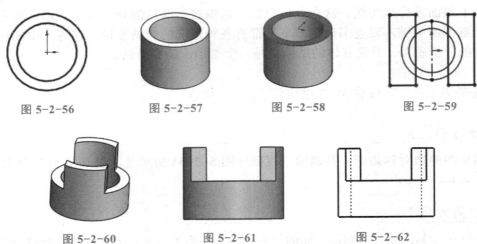

图 5-2-56　　　　　图 5-2-57　　　　　图 5-2-58　　　　　图 5-2-59

图 5-2-60　　　　　　图 5-2-61　　　　　　图 5-2-62

一个平面同时切割两个同心圆柱，切出两个矩形。应该先画出两个矩形，中心线重合（图 5-2-64）。再考虑上面中间部分被切去，所以没有线。用橡皮擦除上面中间线段（图 5-2-65）。其实画图不是一步就画出来的，要符合逻辑地多次画，这样才是有规律的。次数、步骤多不是难题，难的是不知怎样做。理论分析都是一样的，关键看怎样去应用。没有理论指导的实践是盲目的，没有实践的理论是空洞的，两者的密切结合才是必然之路。这个思考要多次进行。其实橡皮就是为了多次、多步骤、有序绘图准备的，不仅仅是表面的擦线段。

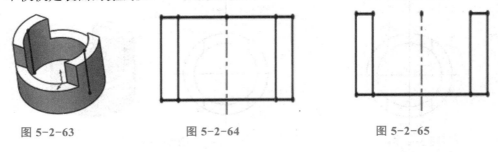

图 5-2-63　　　　　　图 5-2-64　　　　　　图 5-2-65

任务 5.2.6　圆球切割

■【任务描述】

圆球切割，补画其余两个视图（图 5-2-66 所示是原题，图 5-2-67 所示是参考答案）。

■【任务分析】

对于圆球的切割，要知道切平面与哪个投影面平行，在该投影面上的投影反映实形——圆，与哪个投影面垂直，在该投影面上的投影是有积聚性的线段。

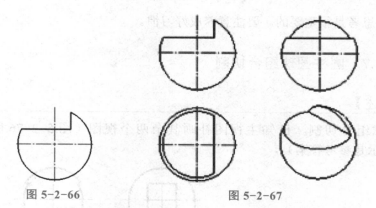

图 5-2-66　　　　　　　　　　图 5-2-67

【任务实施】

作图过程如下：

（1）在任意基准面上画半圆（图 5-2-68）。

（2）旋转凸台成圆球。直径为旋转中心（图 5-2-69）。

（3）选择"前视基准面"为绘图平面（图 5-2-70）。

（4）绘制矩形，也可以是其他包含球左上部分的封闭图形（图 5-2-71）。

（5）切除（图 5-2-72）。注意要切透，需要两个方向的切除。

（6）观察俯视图和左视图（图 5-2-73、图 5-2-74）。

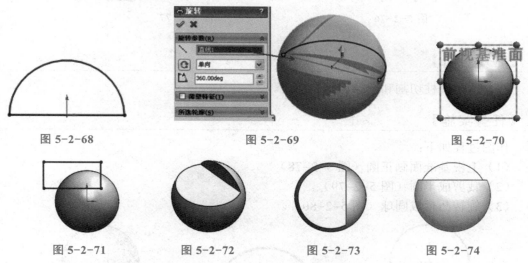

图 5-2-68　　　　　　　　　　　　图 5-2-69　　　　　　　　　　　　图 5-2-70

图 5-2-71　　　　　　图 5-2-72　　　　　　图 5-2-73　　　　　　图 5-2-74

（7）思考各个线段的含义。图 5-2-75 所示是俯视图与主视图的对应关系，平行于地面的平面切割圆球在俯视图上得到圆，圆的直径或者半径在主视图上找到，平面与圆的交点与竖直中心线的距离是半径。

再看主视图与左视图的对应关系（图 5-2-67）。主视图的竖直线是平行于侧面的切割平面，在左视图上得到圆形，圆的半径是切平面与大圆的交点与水平中心线的距离。两个切平面同时存在，怎样找到半径，应该有个总结，找到共同的规律，表面做法不一样，但指导的理论思想是一样的。

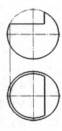

图 5-2-75

做题后的思考是很重要的。要注意养成好习惯。

任务 5.2.7　圆柱圆球组合切割

■【任务描述】

圆柱圆球组合切割。已知主视图补画其余两个视图（图 5-2-76 所示是原题。图 5-2-77 所示是参考答案）。

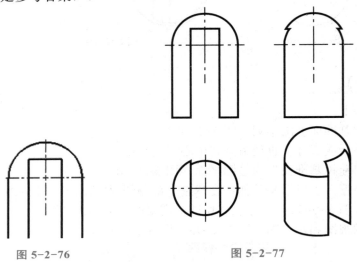

图 5-2-76　　　　　　　　　　　　　　　　图 5-2-77

■【任务分析】

综合应用圆柱切割和圆球切割的性质。

■【任务实施】

作图过程如下：

（1）上视基准面画正圆（图 5-2-78）。

（2）裁剪成半圆（图 5-2-79）。

（3）旋转凸台成圆球（图 5-2-80）。

图 5-2-78　　　　　　　　图 5-2-79　　　　　　　　图 5-2-80

（4）上视基准面绘图，画圆，与圆球轮廓线重合（图 5-2-81）。

（5）拉伸成圆柱（图 5-2-82）。

（6）实体图形如图 5-2-83 所示。

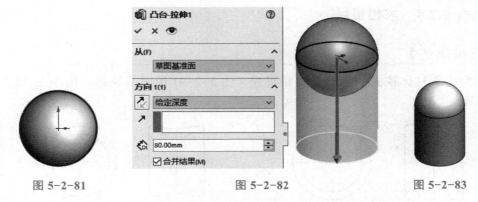

图 5-2-81　　　　　　　　图 5-2-82　　　　　　　　图 5-2-83

（7）前视基准面绘图，画出矩形（图 5-2-84）。

（8）拉伸切除（图 5-2-85）。

（9）观察俯视图与左视图（图 5-2-86 和图 5-2-87）。

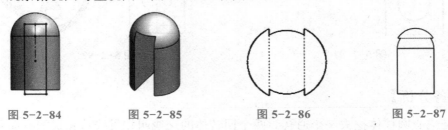

图 5-2-84　　　　　图 5-2-85　　　　　图 5-2-86　　　　　图 5-2-87

（10）补画视图。

（11）分析视图。不能只画出图形来就觉得完成任务了。要搞明白每条线段的含义、来源，找线段的对应关系。图 5-2-88 中箭头所指两条线根据制图的规则应该没有，是软件的关系。所以暂时不管它。

先看主视图与左视图线段对应关系及来源。平行于侧面的平面切割圆球，在侧面上得到圆形。将整个圆或者半圆画出来。实际只切除了一部分，所以是一段圆弧，是半圆的一部分（图 5-2-89）。

再看主视图与俯视图的对应关系（图 5-2-90）。将线段补画出来，采用点画线形式。再结合切割平面的特点就能考虑明白了。先抓住主要的图线，剩余的就是直线段了，再补充时也要用分析的方法来做，不是随意画成直线的。将图形变形放大后，看得清楚些。

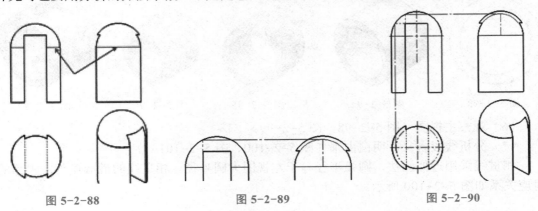

图 5-2-88　　　　　　　图 5-2-89　　　　　　　图 5-2-90

任务 5.2.8　求相贯线

【任务描述】

求空心圆柱体挖去一个通孔的相贯线（图 5-2-91 所示是原题，图 5-2-92 所示是参考答案）。

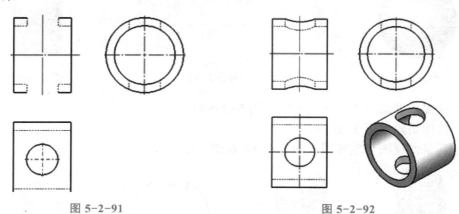

图 5-2-91　　　　　　　　　　　　　　　图 5-2-92

【任务分析】

这是空心圆柱体挖去一个通孔。两个回转体的交线叫相贯线。相贯线有简化画法，但学习者要知道详细画法，知道对应关系。

【任务实施】

作图过程如下：

（1）在"右视基准面"上绘制两个同心圆（图 5-2-93）。

（2）拉伸成实体（图 5-2-94）。

（3）创建基准面，距离上视基准面 60，大于外圆柱半径值（图 5-2-95）。

（4）在基准面上画圆（图 5-2-96）。

（5）拉伸切除（图 5-2-97）。

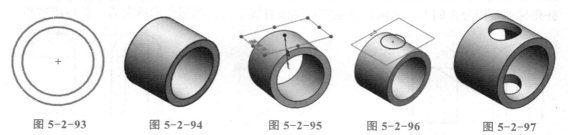

图 5-2-93　　　　图 5-2-94　　　　图 5-2-95　　　　图 5-2-96　　　　图 5-2-97

（6）观察主视图（图 5-2-98、图 5-2-99）。

（7）分析线段含义，明白由来（图 5-2-100、图 5-2-101）。

相贯线采用近似画法，圆弧半径等于左视图大圆半径。相贯线的最低点与左视图的对应关系如图 5-2-100 所示。

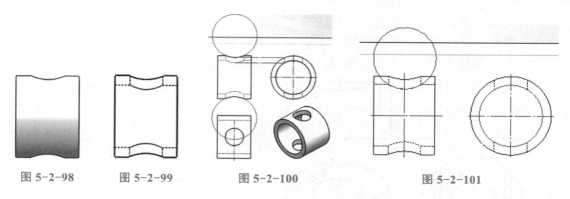

图 5-2-98　　　　图 5-2-99　　　　图 5-2-100　　　　　　图 5-2-101

【创新实作】

（1）将三角形的顶点放在四棱锥里面（图 5-2-102），形成的三视图是怎样的呢？

（2）四棱锥里面再切去一个小四棱锥，小四棱锥的顶点在大四棱锥的外面（图 5-2-103）。

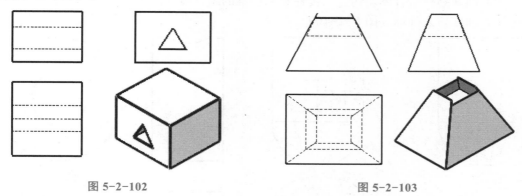

图 5-2-102　　　　　　　　　　　　图 5-2-103

（3）在正六棱柱里切去三棱锥，锥顶在六棱柱外面（图 5-2-104），具体大小不定，相对关系正确即可。

（4）圆柱里面切去偏置的三棱锥，棱锥的顶点在圆柱外（图 5-2-105）。

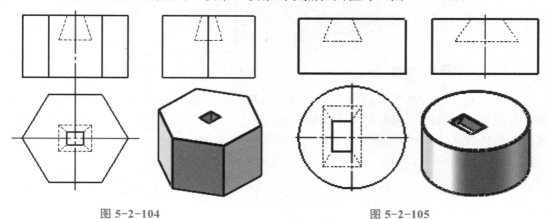

图 5-2-104　　　　　　　　　　　　图 5-2-105

（5）圆环对称切去三棱柱，棱柱的两条棱线在圆柱外面，如图 5-2-106 中主视图左上角三角形左顶点部分，不难分辨。

（6）在圆球上切去一个小三棱柱（图 5-2-107）。

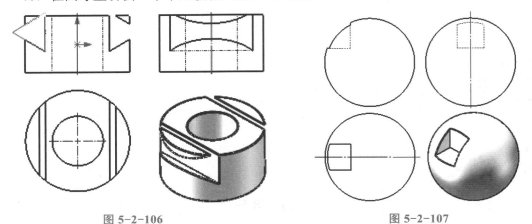

图 5-2-106   图 5-2-107

（7）圆球圆柱组合体，切去六棱柱和六棱锥的组合体（图 5-2-108）。

（8）圆柱切去圆球（图 5-2-109）。

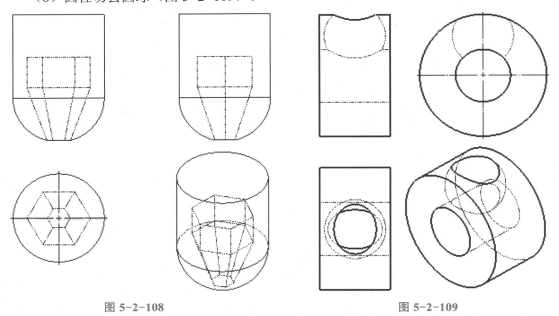

图 5-2-108   图 5-2-109

（9）其他。这种基本体的组合有无数，两两组合能够出现许多意外也很有意思的图形，分析这些图线时要根据基本体的视图规律来思考。绘出的图线也必然符合基本体三视图的总体含义。

任务 5.3　组合体造型及解题思路梳理

任务 5.3.1　参考立体图补画组合体的三视图

■【任务描述】

参考立体图补画组合体的三视图（图 5-3-1 所示是原题图，图 5-3-2 所示是参考答案）。

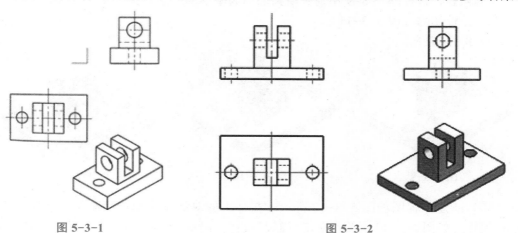

图 5-3-1　　　　　　　　　　　　　　图 5-3-2

■【任务分析】

根据俯视图和左视图，想象出立体形状来，与给定的立体图对照，修正想象。按照从底部到顶部的顺序作出立体来，还是要应用形体分析法。

■【任务实施】

造型步骤如下：

（1）做底板。在上视基准面做草图如图 5-3-3 所示。

（2）拉伸成实体（图 5-3-4）。

（3）做上部没有切割的四棱柱。选择上表面绘制如图 5-3-5 所示的矩形。

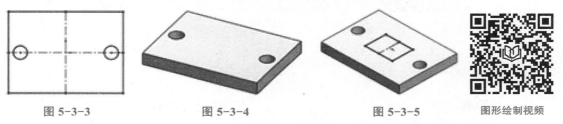

图 5-3-3　　　　　　图 5-3-4　　　　　　图 5-3-5　　　　　图形绘制视频

（4）拉伸成实体（图 5-3-6）。

（5）上部中间切割四棱柱。上表面绘制矩形（图 5-3-7）。

（6）切割，深度要合适，不要切到底（图 5-3-8）。

图 5-3-6　　　　　　　　　图 5-3-7　　　　　　　　　图 5-3-8

（7）做孔，选择图 5-3-9 中箭头所指的面为基准面。绘制圆（图 5-3-10）。

（8）拉伸切除（图 5-3-11）。

（9）保存文件。

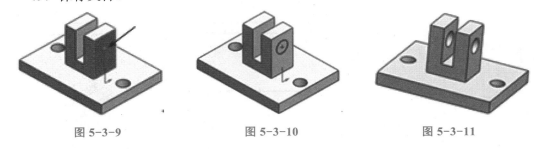

图 5-3-9　　　　　　　　　图 5-3-10　　　　　　　　　图 5-3-11

（10）新建工程图如图 5-3-12 所示。在弹出的对话框中单击"高级"按钮，选择 gb_a3 模板，如图 5-3-13 所示，单击"确定"按钮。出现"模型视图"对话框（图 5-3-14）。

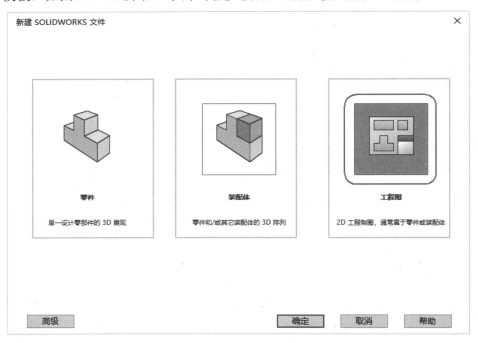

图 5-3-12

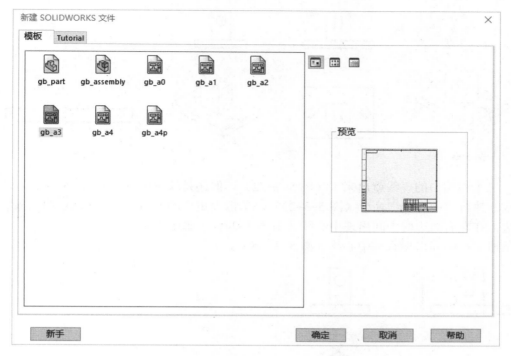

图 5-3-13

通过"浏览"找到保存的零件文件，单击前视图图标（图 5-3-15）。移动鼠标指针到左上角（图 5-3-16）。出现主视图轮廓方框，方框是主视图的最大轮廓线，帮助定位。单击确定主视图位置，然后下拉，在某处单击，确定出现俯视图，在主视图的右边合适位置单击，出现左视图（图 5-3-17）。

将鼠标指针移到左上角处单击，出现等轴测视图。将鼠标指针移到等轴测视图上，出现某条线的高亮显示（图 5-3-18）。拖动轴测图到三视图的右下方（图 5-3-19）。单击某个视图，如主视图，选中某些线段后颜色改变（图 5-3-20），单击显示样式中的隐藏线可见（图 5-3-21）。

图 5-3-14

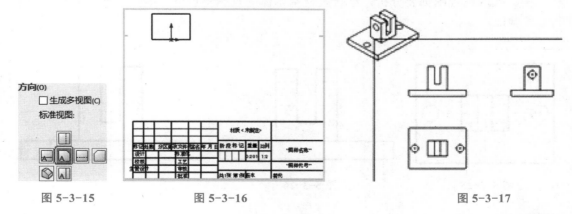

图 5-3-15　　　　　　　图 5-3-16　　　　　　　　　　　　图 5-3-17

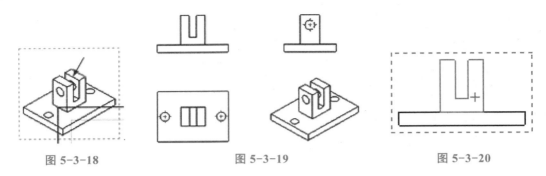

图 5-3-18　　　　　　　　　图 5-3-19　　　　　　　　　图 5-3-20

三个视图中的虚线就出来了（图 5-3-22）。但还是缺少中心线。执行"中心线"命令（图 5-3-23）。单击大矩形的左右两边，在左右两边的中间出现中心线（图 5-3-24），单击上下两条边，在中间出现水平中心线（图 5-3-25）。

图 5-3-21

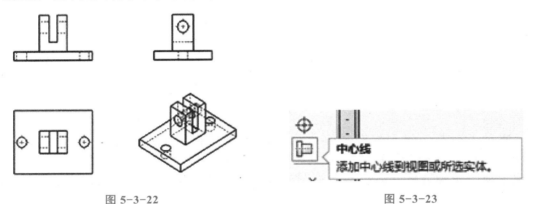

图 5-3-22　　　　　　　　　　　　　　图 5-3-23

在主视图上单击底板的左右线段，出现短的中心线（图 5-3-26）。然后拉长中心线（图 5-3-27）。其余同理（图 5-3-28）。

总体效果如图 5-3-29 所示。选中立体图，单击带边线上色图标（图 5-3-30）效果图如图 5-3-32 所示。保存文件。

（11）分析研讨主视图中各条线的含义和来源（图 5-3-31）。按照形体分析法，逐个分析线框的含义和对应关系。底板、棱柱、槽、孔的三视图都要分析，结合教材基本体的投影特点进行思考验证。

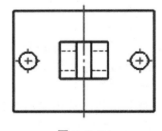

图 5-3-24

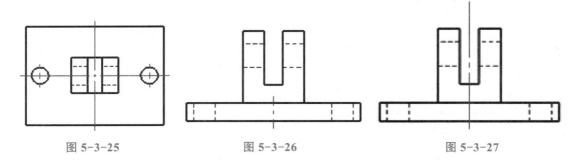

图 5-3-25　　　　　　　　　图 5-3-26　　　　　　　　　图 5-3-27

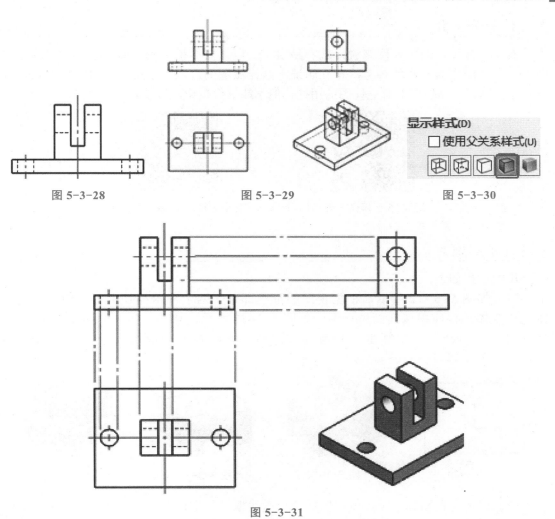

图 5-3-28　　　　　　　图 5-3-29　　　　　　　图 5-3-30

图 5-3-31

任务 5.3.2　参考立体图补画三视图指导

【任务描述】

立体图及部分三视图如图 5-3-32 所示，补画三视图。

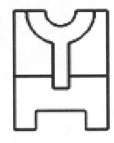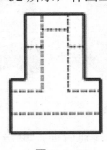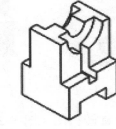

图 5-3-32

■【任务分析】

有了立体图，对于作图来说，就容易多了。但是要尽量利用平面图来分析出第三视图来，立体图作为检查的参考，相互印证，这样做题的过程就是反复学习、复习教材基本知识的过程。立体图要有立体图的用处，但不能仅仅指望立体图。

补画三视图操作视频（1）

补画三视图操作视频（2）

■【任务实施】

作图过程如下：

（1）如图 5-3-32 所示，根据视图的下半部分，两个视图都是矩形，初步断定实体是长方体。在前视基准面做草图，如图 5-3-33 所示。拉伸成实体，如图 5-3-34。

（2）上部分的外轮廓也是长方体（四棱柱），在上表面绘制矩形拉伸成实体（图 5-3-35、图 5-3-36）。

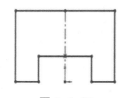

图 5-3-33

图 5-3-34

图 5-3-35

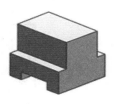

图 5-3-36

（3）根据主视图的半圆，左视图的矩形虚线框，判定是在上长方体里面挖去了半圆柱体。选择图 5-3-37 所示的面，绘制半圆（图 5-3-38）。

然后拉伸切除，深度不到总厚度的三分之一（图 5-3-39）。

（4）中间是个通孔。单击切除半圆后的底面，在此面绘制圆（图 5-3-40），然后拉伸切除（图 5-3-41）。

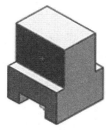

图 5-3-37

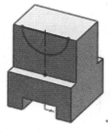

图 5-3-38

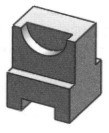

图 5-3-39

图 5-3-40

（5）旋转视图（图 5-3-42），看到后面，单击平面（图 5-3-43），绘制草图圆（图 5-3-44）。

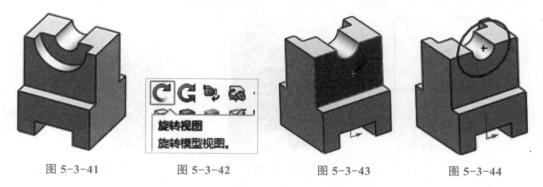

图 5-3-41　　　　　　图 5-3-42　　　　　　图 5-3-43　　　　　　图 5-3-44

（6）单击正视于（图 5-3-45）。单击隐藏线可见（图 5-3-46）。添加几何关系，使得两者（草图圆与对面轮廓半圆）（图 5-3-47）相等。颜色变黑（图 5-3-48）。

图 5-3-45　　　　　　　　　　　　　　　图 5-3-46

（7）拉伸切除。注意与对面切除时的深度一致（图 5-3-49）。

（8）将切割掉的左视图上的中间左右部分补上，主视图和左视图对应关系就找到了，即矩形对应矩形，长方体。根据虚线判断是挖切关系。选择图 5-3-50 所示的面为绘图面。绘制矩形（图 5-3-51）。拉伸切除（图 5-3-52、图 5-3-53）。

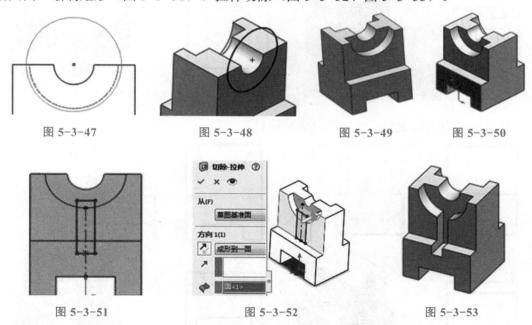

图 5-3-47　　　　　　图 5-3-48　　　　　　图 5-3-49　　　　　　图 5-3-50

图 5-3-51　　　　　　　　图 5-3-52　　　　　　　图 5-3-53

（9）作出另一边。正视于后面，单击"隐藏线可见"（图 5-3-54），利用虚线做参考，绘图。或者添加几何关系，使得矩形边线与切除的轮廓线重合（图 5-3-55），然后拉伸切除（图 5-3-56）。

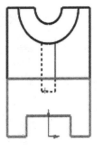
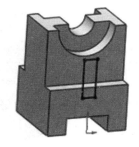

图 5-3-54 　　　　　　图 5-3-55 　　　　　　图 5-3-56

（10）保存文件。

（11）形成三视图（图 5-3-57）。

（12）研究俯视图的形成。图 5-3-58～图 5-3-64 一步一步表示出来形成整体的过程。大家仔细琢磨，肯定有启发。事物都是由简单到复杂的，简单个体的组合就是复杂，掌握了过程，就掌握了结果。这个过程给同学们提供了很大的方便，想法可以随时得以实现，看到许多的变化，这个变化带来乐趣。这也是学习三维软件的用途。

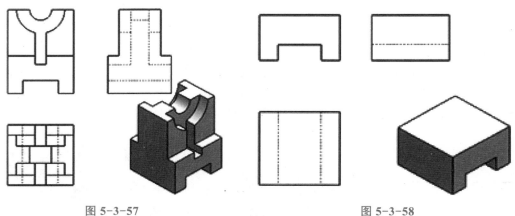

图 5-3-57 　　　　　　　　　　　图 5-3-58

其他题目也可以照此思考，研讨成型的过程。

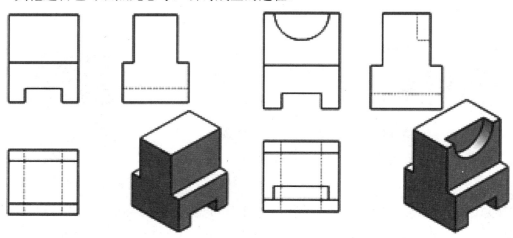

图 5-3-59 　　　　　　　　　　　图 5-3-60

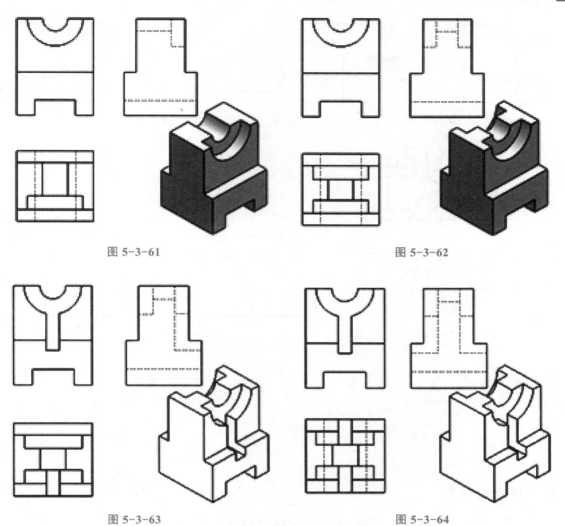

图 5-3-61　　　　　　　　　　　　图 5-3-62

图 5-3-63　　　　　　　　　　　　图 5-3-64

任务 5.3.3　已知两个视图补画第三视图

■ 【任务描述】

任务 1：如图 5-3-65 所示，补画三视图。
任务 2：如图 5-3-66 所示，补画第三视图。
任务 3：如图 5-3-67 所示，补画第三视图。
任务 4：如图 5-3-68 所示，补画第三视图。
任务 5：如图 5-3-69 所示，补画第三视图。
任务 6：如图 5-3-70 所示，补画第三视图。
任务 7：如图 5-3-71 所示，补画第三视图。
任务 8：如图 5-3-72 所示，补画第三视图。

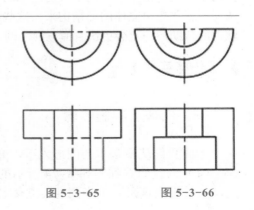

图 5-3-65　　　　　　图 5-3-66

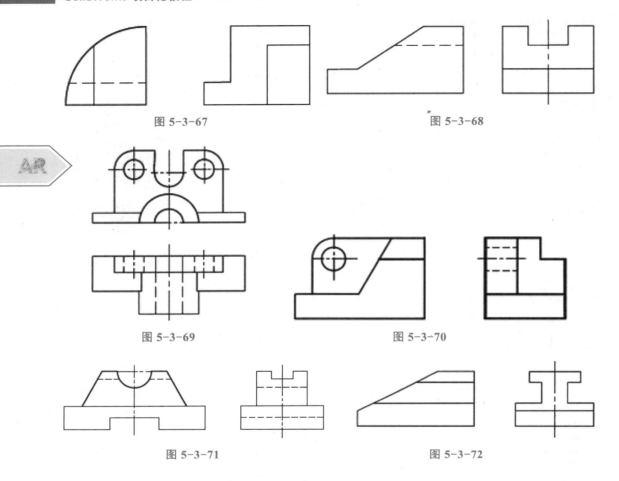

图 5-3-67   图 5-3-68

AR

图 5-3-69   图 5-3-70

图 5-3-71   图 5-3-72

▌【任务分析】

主视图最大半圆弧与俯视图后面的含有虚线的矩形相对应，符合长对正的要求，一个图形是圆，另外两个图形是矩形，这是典型的圆柱投影（图 5-3-73）。同学们应该尽可能多地复习回顾基本体的三面投影，刚开始可能很慢，随着回顾次数的增加，视图与立体的联系就清楚了，我们学习这门课的主要目的是看到三视图或者两视图就要想出立体图形结构来，这些都是有规律的。有三维造型软件的帮助，一定会更快看懂三视图的。

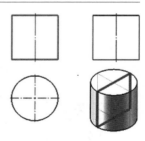

图 5-3-73

▌【任务实施】

一、任务 1 实施步骤

下面我们从最基本的图形入手，介绍看图的思路：

（1）当我们看到图 5-3-74 所示的图形时，通过回忆学过的圆柱投影的基本知识特点，不难想到这是一个半圆柱，立体结构如图 5-3-75（a）所示。

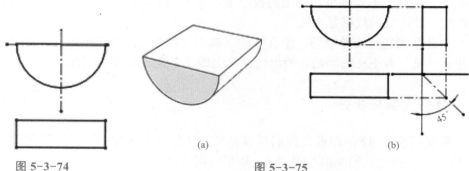

图 5-3-74   图 5-3-75

　　（2）这个结构想出来以后，把它的左视图趁热打铁地画出来，如图 5-3-76（b）所示，从学过的理论来说，肯定是矩形。从立体图来看也是矩形，刚开始不要想得太复杂了，都是基本体及其变形。我们根据宽相等、高平齐的原则，画出如图 5-3-76 的图形。

　　（3）我们再看其他图形，里面的小半圆与俯视图前面的小矩形相对应，根据前面的分析得到的经验，它也是一个半圆柱，左视图也是一个矩形。有了两个立体，就存在相互位置关系了，从俯视图的两个矩形的前后位置可以知道小半圆柱在大半圆柱的前面，从主视图的两个半圆的关系来看，上面是平齐的，所以立体结构也是平齐的（图 5-3-77）。在原来图形的基础上，添加一个矩形，如图 5-3-78 所示。绘图时注意符合对应关系。

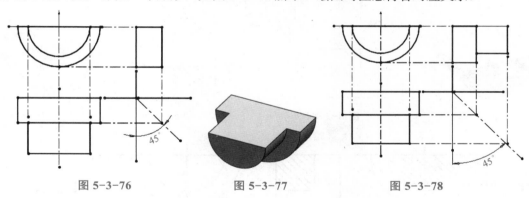

图 5-3-76   图 5-3-77   图 5-3-78

　　（4）看剩余的图形（图 5-3-79），还是半圆与矩形的关系，仍然是半圆柱立体。这个是挖切，不是叠加。在脑中想出图 5-3-80 的立体结构，根据这个结构，绘制图 5-3-81 的三视图。

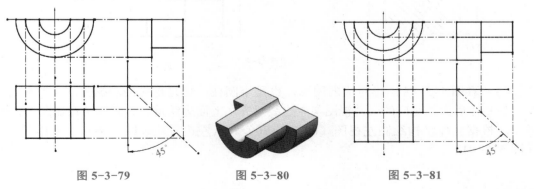

图 5-3-79   图 5-3-80   图 5-3-81

根据立体结构，不难画出左视图的投影来，矩形的上边线与图形原有的重合。下边线成为虚线。看不见的线都是虚线。

（5）从这个例题可以总结到，组合体的三视图是基本体三视图的组合。要处理好位置关系和看得见、看不见的问题。所以说课本上的基本概念要多次记忆。

二、任务 2 实施步骤

（1）根据图 5-3-82 的图形，我们很容易想到这是个半圆柱（图 5-3-83）。据此我们画出左视图——矩形（图 5-3-84）。

（2）如图 5-3-85 所示阴影部分是对应的。联想到这个立体也是一个半圆柱，根据上题的经验这是挖去的半圆柱（图 5-3-86）。

根据立体图我们画出图 5-3-87（a）中的左视图（阴影部分），矩形右边是对齐的。

再根据立体图，矩形的左边线和下边线是看不见的，应该是虚线。进一步修正图形如图 5-3-87（b）所示。

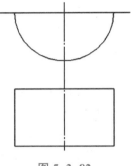

图 5-3-82

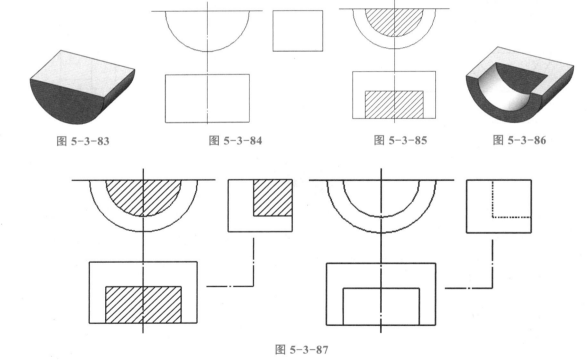

图 5-3-83　　　　图 5-3-84　　　　图 5-3-85　　　　图 5-3-86

图 5-3-87

（3）看图 5-3-88 阴影对应的图形，也是半圆柱，也是挖去的。挖去的半圆柱与大半圆柱基体后面是对应的，左视图与左边线对齐，上面边线重合。立体结构如图 5-3-89 所示。根据立体结构绘制左视图（图 5-3-90）。从左边看轮廓线看不见，所以是虚线（图 5-3-91）。

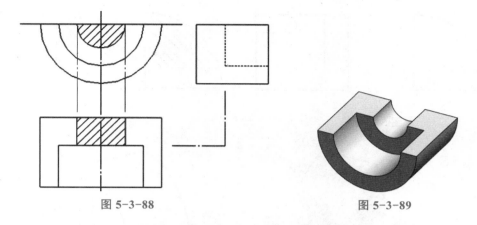

图 5-3-88   图 5-3-89

（4）修正图形，参考立体图如图 5-3-92 所示（左视图方向）。

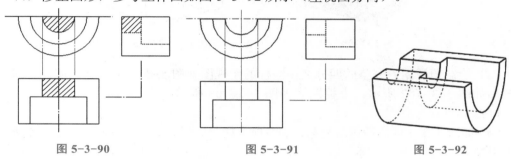

图 5-3-90   图 5-3-91   图 5-3-92

三、任务 3 实施步骤

分析：有缺口的往往先补上，再挖去。补上后的视图，基本上是基本体的视图或者变形，这样，问题就又归结到了基本体三视图的基本概念上了。以后的作图就有依据了。

（1）看到图 5-3-93 的两视图。不难想象是四分之一圆柱（图 5-3-94、图 5-3-95）。

（2）看到图形变成图 5-3-96 的样子，怎样思考呢？

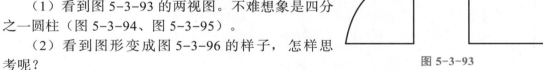

图 5-3-93

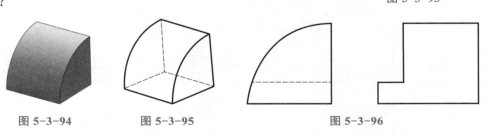

图 5-3-94   图 5-3-95   图 5-3-96

我们可以把左视图的缺口补起来，成为图 5-3-97 的图形。这时对应关系就好找了，对应关系如图 5-3-98 所示，这时可以想到是在四分之一圆柱上切去了一部分，如图 5-3-99 和图 5-3-100 所示。

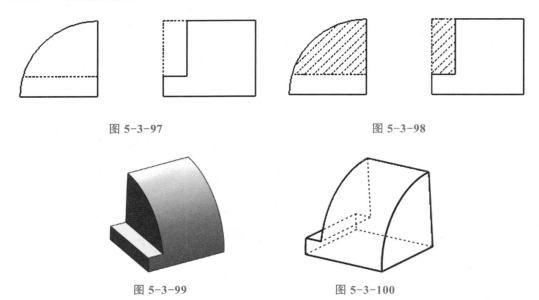

图 5-3-97　　　　　　　　　　　图 5-3-98

图 5-3-99　　　　　　　　　　图 5-3-100

（3）绘制俯视图：完整的四分之一圆柱的俯视图如图 5-3-101 所示。切去一部分后的图形如图 5-3-102 所示。去掉阴影如图 5-3-103 所示。修正图形，注意左边与左边线不重合。

（4）如图 5-3-104 所示短斜线标记的线段怎样对应呢？对应关系如图 5-3-105 所示。从主视图看，左面切去一部分实体，从左视图看是前面切去部分材料（图 5-3-106）。综合看是左面前面切去部分实体（图 5-3-107）。据此可以做出俯视图该部分的投影（图 5-3-108）。

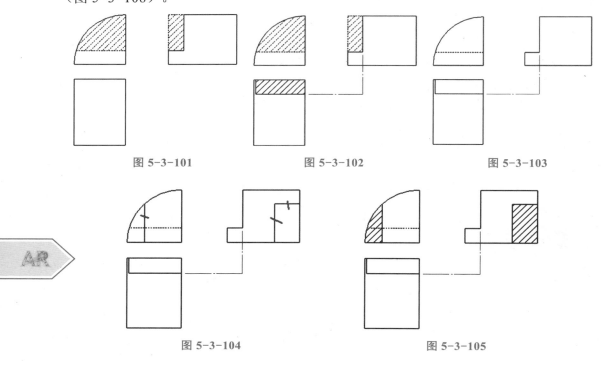

图 5-3-101　　　　　　　　图 5-3-102　　　　　　　　图 5-3-103

图 5-3-104　　　　　　　　　　　图 5-3-105

（5）根据可见不可见、有无等实际情况整理三视图图形（图 5-3-106）。

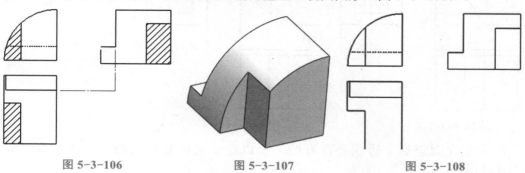

图 5-3-106　　　　　图 5-3-107　　　　　图 5-3-108

四、任务 4 实施步骤

分析：补上缺口，先看整体图形的对应关系。不难找到组合体的切割关系。

（1）看到图 5-3-109 所示这两个图形，最容易想到的是长方体（图 5-3-110）。

（2）看到图 5-3-111 的图形呢？还是应用补齐的经验方法，补齐后的对应关系如图 5-3-112 所示：这是长方体上切去了一块四棱柱。立体结构如图 5-3-113 所示。

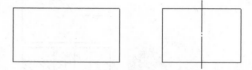

图 5-3-109

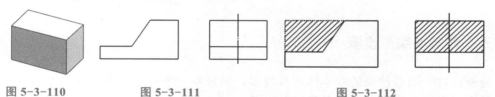

图 5-3-110　　　　　图 5-3-111　　　　　图 5-3-112

（3）补画俯视图的投影，没有切割的长方体的俯视图如图 5-3-114 所示，切割后的俯视图如图 5-3-115 所示。

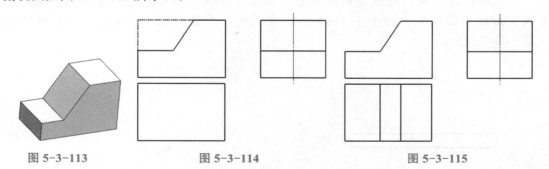

图 5-3-113　　　　　图 5-3-114　　　　　图 5-3-115

（4）看到图 5-3-116 所示主视图的虚线和左视图的缺上边矩形，怎样思考？补齐。补齐后的对应关系为图 5-3-117 所示，立体结构如图 5-3-118 所示。

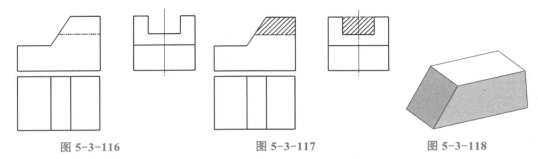

图 5-3-116   图 5-3-117   图 5-3-118

因为左视图矩形上边线是没有的，所以这个立体是切去的。总体立体结构如图 5-3-119 所示。

（5）画出切割体的俯视图（图 5-3-120）。

（6）整理，删除多余线（图 5-3-121）。

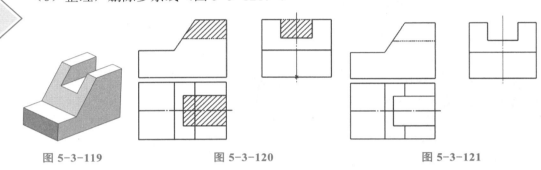

图 5-3-119   图 5-3-120   图 5-3-121

五、任务 5 实施步骤

分析：这个图形涉及的基本体数量较多，但只要一个一个分析出基本体的特点，根据其三视图规律，就能做出整个第三视图来。

作图步骤如下。

（1）根据视图找到底板的对应部分，如图 5-3-122 所示。想到这是四棱柱。在上视基准面上做矩形（图 5-3-123），添加几何关系使得原点在中点。拉伸成实体（图 5-3-124）。

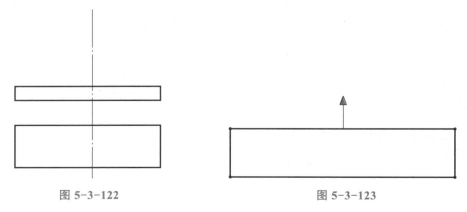

图 5-3-122   图 5-3-123

（2）根据实体的形状我们知道左视图也是一个矩形。根据"长对正、宽相等、高平齐"的关系画出左视图来。如图 5-3-125 所示的左视图矩形。

（3）找到立板的对应线框，如图 5-3-125 阴影部分所示。这是一个带圆角的长方体立在底板的上面，如图 5-3-126 所示。选择前视基准面，绘制如图 5-3-127 所示的图形，拉伸成型即可。

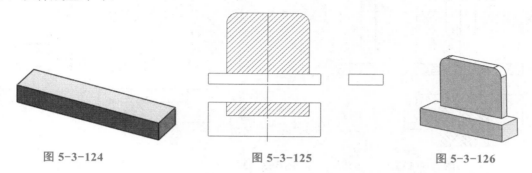

図 5-3-124　　　　　　図 5-3-125　　　　　　図 5-3-126

（4）根据想象或者作出的实体画出左视图，如图 5-3-128 所示。

（5）找到主视图的带半圆的矩形，俯视图的矩形对应的线框，如图 5-3-129 所示的阴影部分。

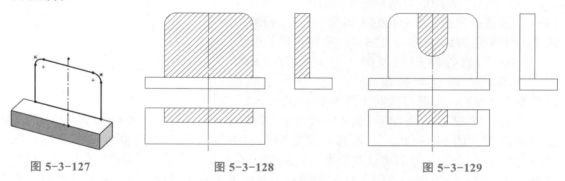

図 5-3-127　　　　　　图 5-3-128　　　　　　图 5-3-129

想到这是在立板上挖去了一个带半圆的四棱柱体（图 5-3-130）。根据想象和立体结构，画出左视图的图线（图 5-3-131）。

（6）对于立板上的孔，找到对应的图线。比较好理解，不难想象出图 5-3-132 所示的立体形状。

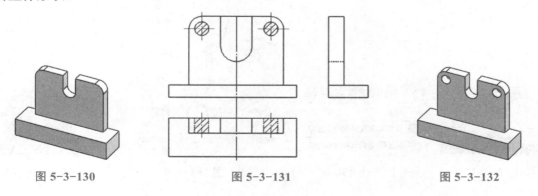

図 5-3-130　　　　　　图 5-3-131　　　　　　图 5-3-132

（7）趁热打铁画出左视图圆的轮廓虚线（图 5-3-133）。找到俯视图的矩形和主视图半圆对应图线、阴影部分。想象立体形状（图 5-3-134）。

（8）趁此机会，马上画出半圆柱的左视图来（图 5-3-135）。注意与底板相交叉处，左视图底板没有剖面线的地方。

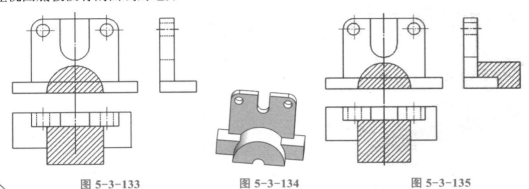

图 5-3-133　　　　图 5-3-134　　　　图 5-3-135

俯视图的一些线段要改变，因为厚度引起相交位置的变化（图 5-3-136）。

（9）找到主视图的半圆和俯视图的矩形（图 5-3-136）。这是挖去了一个通孔的半圆孔（图 5-3-137）。画出左视图的图线：图 5-3-136 中左视图下边长虚线。

（10）用软件制作三视图。在立体打开的情况下，单击"新建"按钮，从零件制作工程图（图 5-3-138）。出现对话框（图 5-3-139）。

单击"前视"，拖动前视图标放置在图纸的

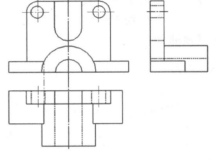

图 5-3-136

主视图位置（图 5-3-140）。再移动鼠标指针到俯视图和左视图位置，出现三视图（图 5-3-141）。这是没有虚线的视图，再整理，单击各个视图后，单击"隐藏线可见"（图 5-3-142）。添加中心线，将轴测图改为边线上色显示（图 5-3-143），注意主视图的半圆中心线不要漏掉。保存文件。

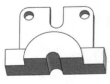

图 5-3-137

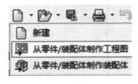

图 5-3-138

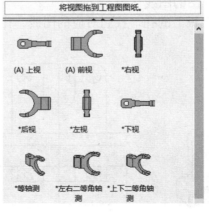

图 5-3-139

图 5-3-140

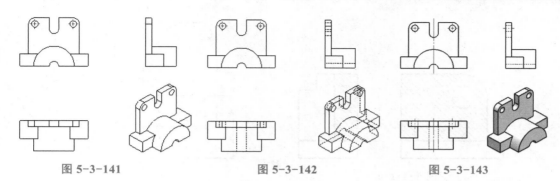

图 5-3-141   图 5-3-142   图 5-3-143

六、任务6实施步骤

⌨ **注意**

　　这个题目的难点是斜面及平齐关系。将具有平齐关系的面人为地割裂成两个实体的面，还要保留平齐的关系，这是对平齐关系的反应用。我们将真实的实体表现出来（图5-3-144）。将实体分割成几部分（图5-3-145）。

　　根据分割的实体，我们将视图中的线补齐，如图5-3-146所示。

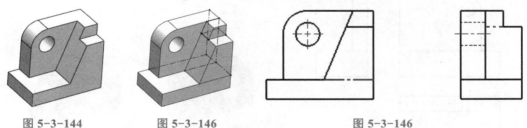

图 5-3-144   图 5-3-146   图 5-3-146

　　下面我们按照上面的思路来作图。

　　（1）根据图5-3-147阴影的对应关系，我们不难想出这是四棱柱。不难画出四棱柱的俯视图（图5-3-148）。立体图如图5-3-149所示。

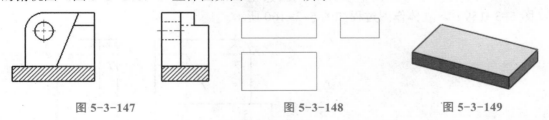

图 5-3-147   图 5-3-148   图 5-3-149

　　（2）根据图5-3-150中阴影部分的对应关系，我们不难想到这是在四棱柱（变形体）上挖去一个孔。多次记忆这个实体，绘制如图5-3-151所示的三视图，只管底板的三视图，其余不管，注意与底板的对齐关系。以底板后面为绘图平面，绘制圆角矩形和圆，然后拉伸成实体（图5-3-152、图5-3-153）。

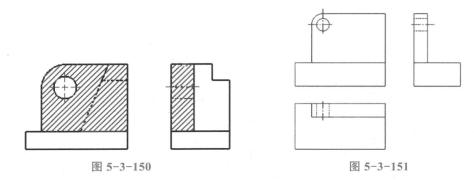

图 5-3-150　　　　　　　　　　　图 5-3-151

（3）根据图 5-3-154 的对应关系，这也是一个四棱柱。可以画出俯视图来（图 5-3-155）。立体作图步骤如图 5-3-156、图 5-3-157 所示。

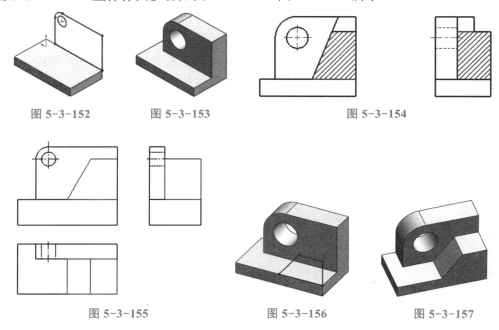

图 5-3-152　　　　图 5-3-153　　　　　　　图 5-3-154

图 5-3-155　　　　　　　　图 5-3-156　　　　图 5-3-157

（4）根据图 5-3-158 对应关系，判断这是一个四棱柱。可以画出四棱柱的投影（图 5-3-159）。立体作图过程如图 5-3-160 所示。

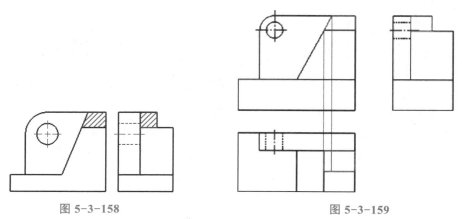

图 5-3-158　　　　　　　　　　图 5-3-159

注意图 5-3-161 箭头所指的两处是具有对齐关系的地方，共同在一个平面上，所以没有交线。单独画图时在此处的线段要删除，如图 5-3-162 所示。

软件形成的三视图如图 5-3-163 所示。与自己画出的图进行对比，找到差距，分析原因，多思考。

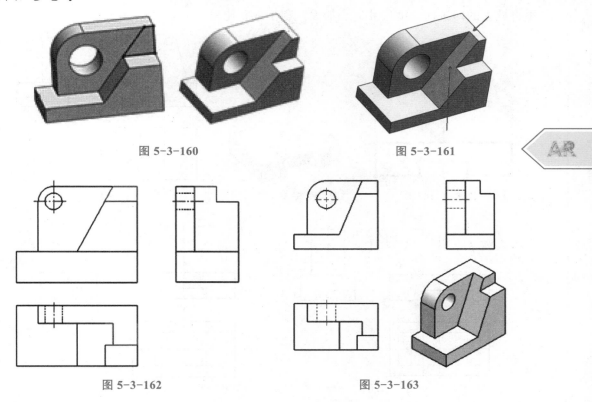

图 5-3-160　　　　　　　　　　　　图 5-3-161

图 5-3-162　　　　　　　　　　　　图 5-3-163

七、任务 7 实施步骤

⌨ **注意**

带缺口的底板长方体上中间部位有个梯形实体，挖去了一个半圆柱。

（1）根据图 5-3-164 的对应图形，不难想出立体形状来：大四棱柱中挖去小四棱柱。画出俯视图如图 5-3-165 所示。

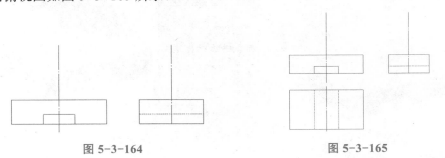

图 5-3-164　　　　　　　　　　　　图 5-3-165

在前视基准面绘制如图 5-3-166 所示的图形，拉伸实体（图 5-3-167）。根据实体思考图 5-3-165 的正确性。如有错误，思考错误的原因，然后纠正。这是立体图的重大用途之一。

（2）观察图 5-3-168，这是对称的梯形四棱柱中挖去半圆柱。画出框架：没有挖去半圆柱体时的俯视图（图 5-3-169）。再画出切去的半圆柱的投影（图 5-3-170）。这里将挖去的四棱柱长度尺寸适当加大，利于观察比较。

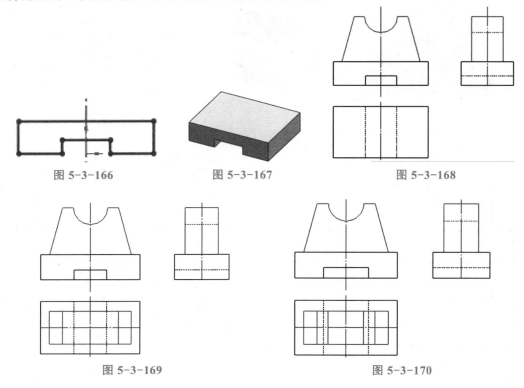

图 5-3-166　　　　　图 5-3-167　　　　　图 5-3-168

图 5-3-169　　　　　　　　　　　图 5-3-170

①在前面作图。带半圆的梯形，再作出中间点（图 5-3-171）。

②拉伸。等距 40 是底板宽度的一半（图 5-3-172）。注意等距的使用。结果如图 5-3-173 所示。经过对照，发现有问题，应该是封闭的实体，原因是草图没有画封闭，缺少了下面一条线。

执行"拉伸特征"→"草图"→"编辑草图"命令（图 5-3-174）。补画线段（图 5-3-175），执行"重建模型"命令（图 5-3-176）。发现有误。

图 5-3-171

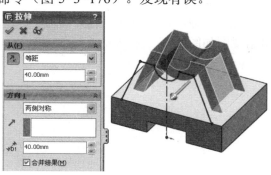

图 5-3-172

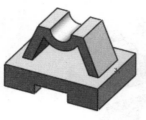

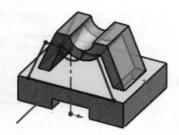

图 5-3-173　　　　　　　图 5-3-174　　　　　　　图 5-3-175

分析原因是上次拉伸时有薄壁特征，实质是没有的，不是一种性质了，所以不能重建。只好重做。在前视基准面绘图（图 5-3-177），拉伸成功（图 5-3-178）。

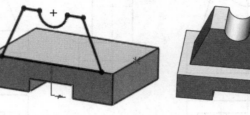

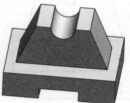

图 5-3-176　　　　　　　　　图 5-3-177　　　　　　　　图 5-3-178

📖 **总结**

　　拉伸时一定仔细，不能缺少图线。对照立体图，反复核对自己的绘图（补画的视图的图线的正确性）。

（3）根据图 5-3-179 所示图形的对应关系，想出这是挖去了四棱柱形成槽。作出俯视图如图 5-3-180 所示。立体作图过程：在右视基准面绘制矩形，双向拉伸切除（图 5-3-181～图 5-3-183）。

图 5-3-179

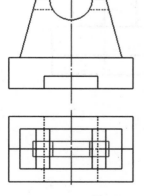

图 5-3-180

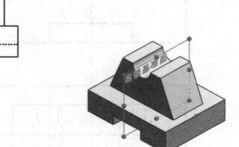

图 5-3-181

（4）修剪多余线段（图 5-3-184）。

（5）软件形成的三视图，如图 5-3-185 所示。

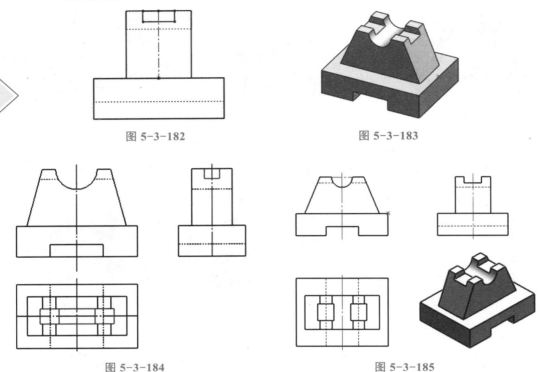

图 5-3-182   图 5-3-183

图 5-3-184   图 5-3-185

（6）核对，修整，去掉中间空圆柱体内部的两条线（图 5-3-186）。找到错误原因。切割底面是平面，不会出现超越平面所在位置的图线。

（7）保存文件。

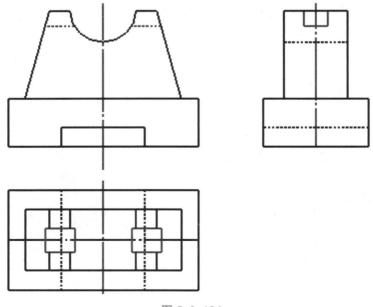

图 5-3-186

八、任务 8 实施步骤

本题给出大致步骤，大家照做。选择"右视基准面"，绘制图 5-3-187 中左视图的图形，不含长横线，然后拉伸成实体（图 5-3-188）。形成三视图。切去左上角三棱柱，成为图 5-3-189 所示的立体图形，再形成三视图即可。

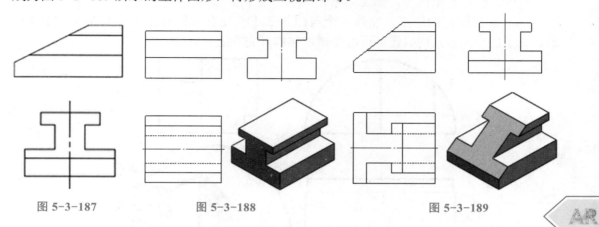

图 5-3-187　　　　　　　图 5-3-188　　　　　　　图 5-3-189

总结

作图的关键是要熟练掌握基本体三视图，根据基本体的两个视图判断出基本体的类型，再根据组合体的组合关系，确定切割、叠加的位置，画出三视图来。实质是基本体三视图与立体图的来回灵活运用。所以，要熟记基本概念基本规律。

【创新导航】

（1）底板的四棱柱改为六棱柱，上部为圆柱被切割，如图 5-3-190 所示。

（2）将底板变为正六棱柱的一半，底部槽改为六棱柱的一半，上部的方变为圆，通孔放在中部，上部的通孔变为圆柱，来回变换，成就新的实体。不管实用性如何，就是要会变通（图 5-3-191）。

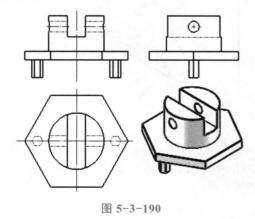

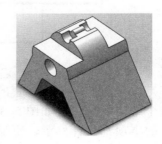

图 5-3-190　　　　　　　　　　　图 5-3-191

（3）设计一个与图 5-3-107 互补的结构，如图 5-3-192 所示。单独的一个零件不能用，肯定要与另外的零件配合，凹陷的地方要与其他零件突出的地方配合，那么另外的零件就要有突出的结构。同样这个零件突出的，就要与另外的零件凹陷的地笔配合。但是凹陷有了，必须有其他材料来支撑，不能随便设计。所以需要补充一些基本结构，如承载的结构还有刚性等，都要考虑。

（4）根据配合的思路，制作一个与图 5-3-119 配合工作的结构，如图 5-3-193 所示。有了这个初步结构后还可以继续增加结构，完善之。

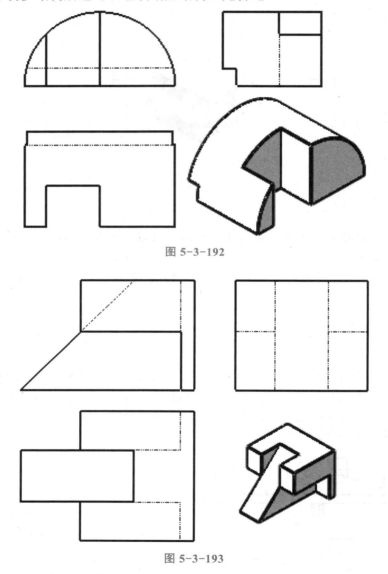

图 5-3-192

图 5-3-193

（5）做与图 5-3-143 配套的零件，如图 5-3-194 所示。如果材料是泡沫板等软材料，这个结构就是包装如图 5-3-140 所示结构的包装物体。从事零件设计的人员连包装运输的事项都设计好了，更显严谨性和工作的完整性，也为从事工装夹具做个思想准备。

（6）做图 5-3-163 的包装配套两个零件，结构如图 5-3-195、图 5-3-196 所示。两块材料将一个零件密封起来。图 5-3-195 中图形的盲孔较浅，仅仅是导向作用。

（7）做个铸造模具，上部与模具结构基本吻合，留出余量来，如图 5-3-197 所示，图 5-3-182 所示图形的上部结构恰好具有拔模斜度的样子，给了我们一个思路。但实际中不一定如此，即使是铸造，斜度也要小一些，然后再进行机加工。中间位置的凸台可以小一些，也是为了留足余量，它本身是要有斜度的。

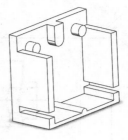

图 5-3-194

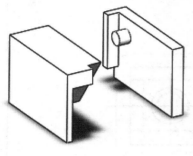

图 5-3-195

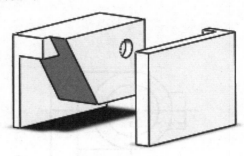

图 5-3-196

（8）图 5-3-188 的结构跟项目三～五结合起来，形成一个工人的图案，寓意深远（图 5-3-198、图 5-3-199）。做个劳动者很光荣，做个创新的劳动者更光荣！

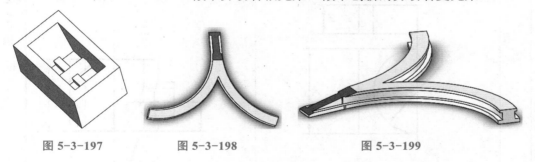

图 5-3-197　　　　　　图 5-3-198　　　　　　图 5-3-199

任务 5.4　形成尺寸标注图形

任务 5.4.1　根据部件给定尺寸标注组合体三视图尺寸

【任务描述】

根据部件给定尺寸标注组合体三视图尺寸（原题图形如图 5-4-1 所示，总体效果图如图 5-4-2 所示）。

AR

根据左边分解尺寸，标出右方组合体的尺寸

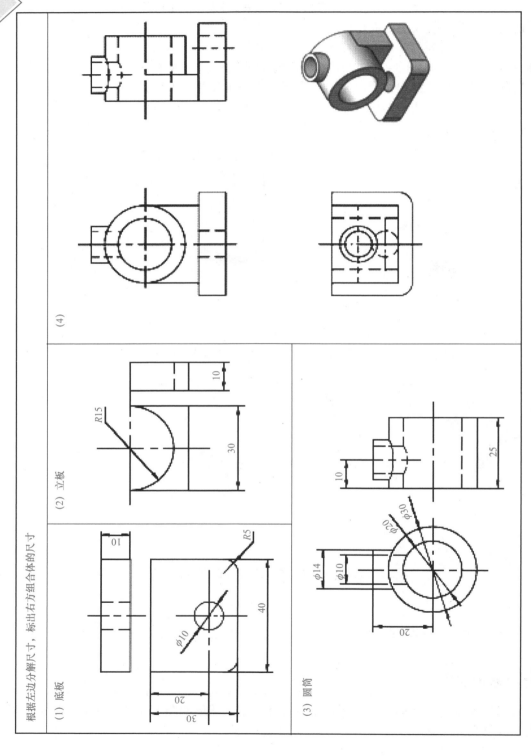

(1) 底板

(2) 立板

(3) 圆筒

(4)

图 5-4-1

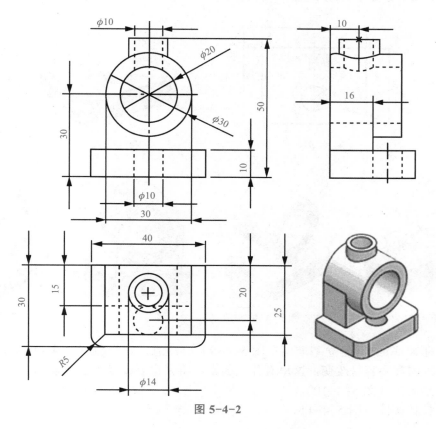

图 5-4-2

■【任务分析】

这是一个典型的题目，在组合体三视图画法中经常出现，所以熟悉一个这样的总体制作过程，很有必要。这个题目跟以前明显的不同是，要在工程图中标注出完整的尺寸，在造型结束后，保存文件，然后形成三视图，利用"模型项目"中的"为工程图标注"命令，逐个标出尺寸，然后根据尺寸标注的国家标准要求及机械制图教材上的相关讲解，调整尺寸位置，删除重复尺寸，增加必要尺寸。要正确做出来，需要耐心细致。本质上还是利用形体分析法来达到目的。

尺寸标注图形
操作视频

■【任务实施】

作图过程如下：

（1）在上视基准面绘制如图 5-4-3 的图形。注意原点所在位置。

（2）拉伸实体（图 5-4-4）。保存文件。

（3）单击后面（原点所在的竖直平面），绘制如图 5-4-5 所示图形并标注尺寸。

（4）拉伸实体（图 5-4-6）。

（5）在前视基准面绘制如图 5-4-7 所示的图形。

（6）拉伸实体（图 5-4-8）。

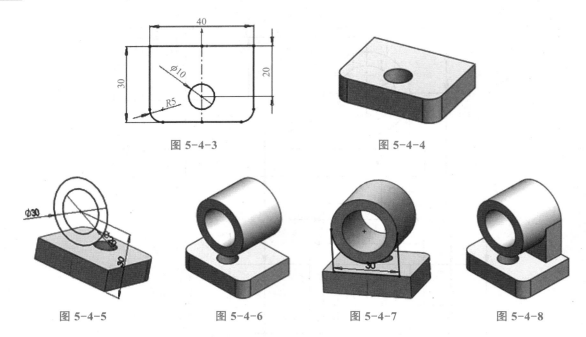

图 5-4-3   图 5-4-4

图 5-4-5   图 5-4-6   图 5-4-7   图 5-4-8

（7）距离底面 50 建立基准面（图 5-4-9）。注意，这个数据将来会改动。所以确定基准面的因素要容易改变，这里有什么因素，将来也要改变什么因素。

（8）绘制圆（图 5-4-10）。

（9）拉伸实体（图 5-4-11）。

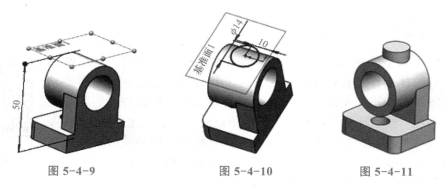

图 5-4-9   图 5-4-10   图 5-4-11

（10）在圆柱顶面绘制直径 10 的圆（图 5-4-12）。

（11）拉伸切除（图 5-4-13）。

（12）保存文件。

（13）新建工程图。

（14）执行"主视图"→"隐藏线可见"命令，形成如图 5-4-14 所示的三视图。

（15）修整视图，切边不可见。在左视图肋板上部与圆筒交接处的短线段单击鼠标右键，在弹出的快捷菜单中执行"切边"→"切边不可见"命令（图 5-4-15）。结果切线消失，同样的方式把主视图底板上的切边也隐藏掉，如图 5-4-16 所示。

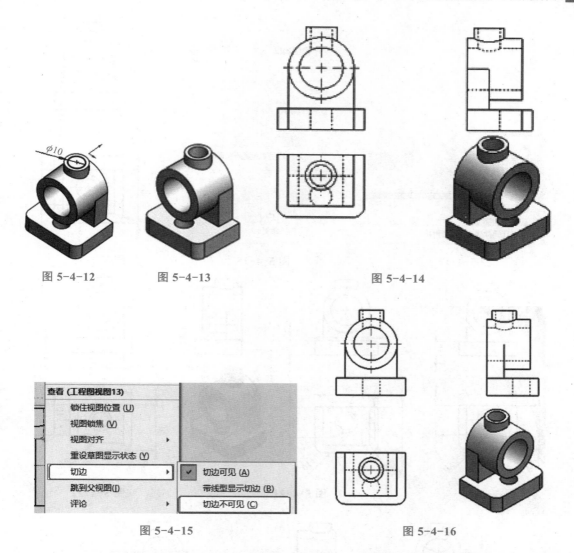

图 5-4-12   图 5-4-13   图 5-4-14

图 5-4-15   图 5-4-16

（16）单击"注解"选项中的"模型项目"（图 5-4-17），弹出如图 5-4-18 所示的对话框。

（17）双击图 5-4-19 箭头所指的底板位置，出现底板的所有尺寸。尺寸多时会显得乱。

（18）拖动尺寸位置，有适当间隔，尽量减少交叉，布局清晰。单击对号确认（图 5-4-20）。

（19）执行"模型项目"→"为工程图标注"命令，为"立体图中的肋板"标注尺寸，如图 5-4-21 箭头所指。出现尺寸"10"（俯视图）和"30"（主视图）。调整尺寸"30"的位置，如图 5-4-22 所示。

（20）同理单击箭头所指的圆筒面，出现尺寸 φ20、φ30、30（高度尺寸）、25（筒子长度尺寸）（图 5-4-23）。调整新尺寸的位置（图 5-4-24）。

尺寸有定形尺寸和定位尺寸，注意检查有无缺少尺寸。

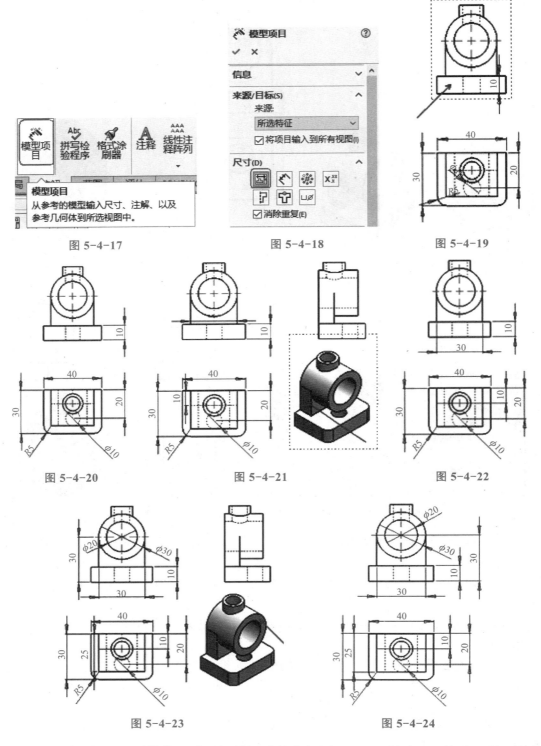

图 5-4-17   图 5-4-18   图 5-4-19

图 5-4-20   图 5-4-21   图 5-4-22

图 5-4-23   图 5-4-24

（21）同理标注立圆筒的尺寸，初始尺寸状态如图 5-4-25 所示，比较乱，所以调整尺寸位置（图 5-4-26）。

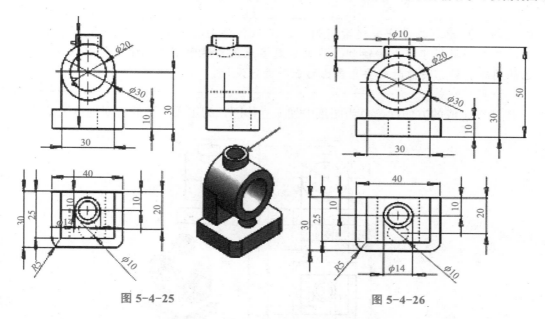

图 5-4-25　　　　　　　　　　　　　图 5-4-26

（22）发现少了立圆筒的内孔尺寸 10，所以手动添加该尺寸。单击"智能尺寸"，单击主视图的两条虚线，标注尺寸 φ10，即主视图最上部"φ10"标记。

移动各个尺寸的位置，隐藏左上角的尺寸 8（图 5-4-27）。按照国家制图的规定，相贯线的尺寸不用标注，所以要隐藏掉。

（23）保存文件。

（24）修整尺寸，在左视图中添加尺寸 10。将俯视图中的对应尺寸隐藏（图 5-4-28）。

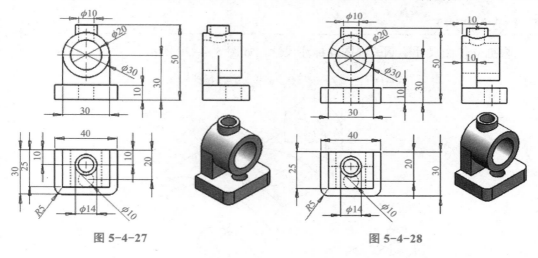

图 5-4-27　　　　　　　　　　　　　图 5-4-28

（25）保存文件。

⌨ **注意**

> 将某些尺寸修改，成为新的模型后，形成新的工程图也很方便，如将肋板尺寸 10 改为 15，图形如图 5-4-29 所示。这个功能为工厂生产系列化零件提供了方便。

修改局部尺寸，是设计者经常用到的，三维软件为将来的机械设计提供了有利条件，为创新提供了很大的便利。将来会更多地用到这个创新方法，所以注意积累自己的图纸资料。关键时刻要靠自己的资料进行设计。

轴测图生成的方便性，也为图纸中加入立体图，为工人工作的方便创造了条件。

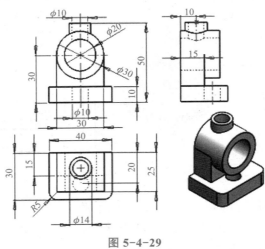

图 5-4-29

任务 5.4.2　根据立体图尺寸绘制三视图并标注尺寸

【任务描述】

根据立体图尺寸绘制三视图并标注尺寸，如图 5-4-30 所示。

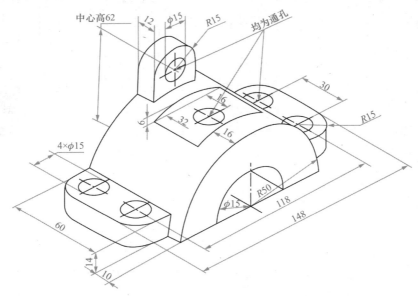

图 5-4-30

■【任务分析】

立体结构不是难题，关键是把各部分的尺寸搞明白，不要张冠李戴。

■【任务实施】

作图过程如下：

（1）在前视基准面上绘制同心圆，裁剪，形成图形如图 5-4-31 所示。

（2）拉伸成实体（图 5-4-32）。

（3）形成半圆柱体的三视图（图 5-4-33）。

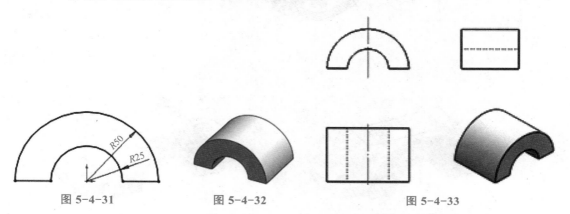

图 5-4-31　　　　　　　图 5-4-32　　　　　　　图 5-4-33

（4）在上视基准面绘制如图 5-4-34 所示的图形，注意底板内边界尽量靠近虚线。

（5）拉伸实体（图 5-4-35）。

（6）形成三视图（图 5-4-36）。

（7）创建基准面。距离上视基准面 44（50－6）（图 5-4-37）。

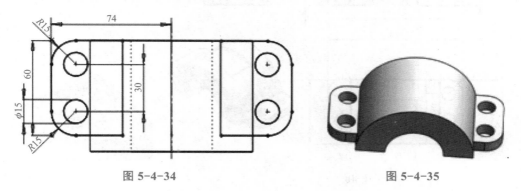

图 5-4-34　　　　　　　　　　　　图 5-4-35

（8）在基准面上绘图，矩形尺寸 16×32（图 5-4-38）。平台是为了钻孔方便，孔的轴线垂直于平面。思考：平台尺寸为什么这么设计？

（9）拉伸切除（图 5-4-39）。

（10）形成三视图及尺寸，如见图 5-4-40 所示。

（11）绘制直径 15 的圆（图 5-4-41）。

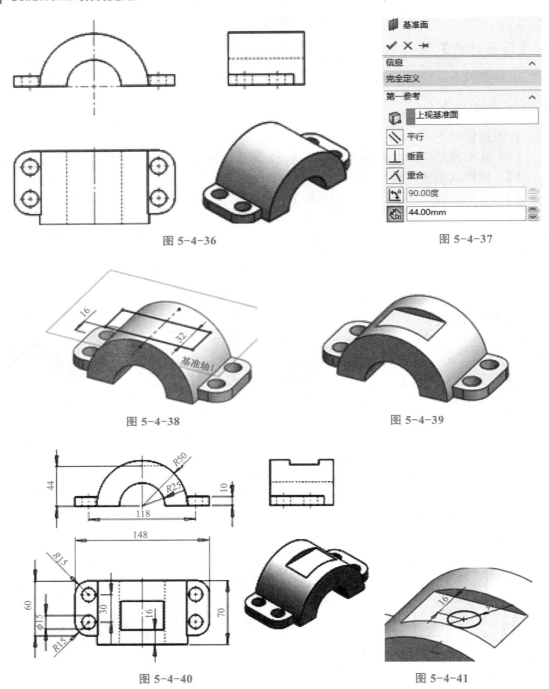

图 5-4-36

图 5-4-37

图 5-4-38

图 5-4-39

图 5-4-40

图 5-4-41

（12）拉伸切除（图 5-4-42）。

（13）形成三视图，注意只标注孔的定位定形尺寸（图 5-4-43）。

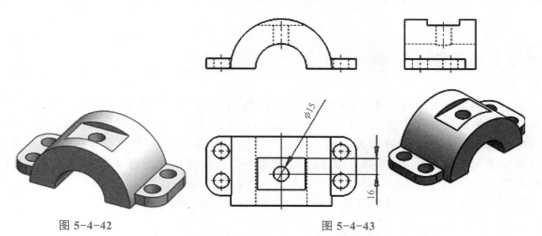

图 5-4-42　　　　　　　　　　　　　　图 5-4-43

（14）绘制草图（图 5-4-44），底边线可以低些，只要不低于直径 50 的圆上象限点。

（15）拉伸成实体（图 5-4-45）。

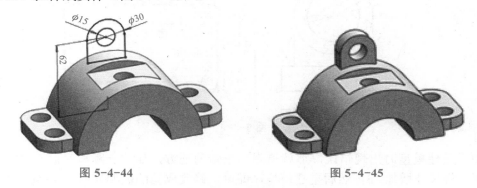

图 5-4-44　　　　　　　　　　　　　　图 5-4-45

（16）形成三视图，并修正图形，结果如图 5-4-46 所示。

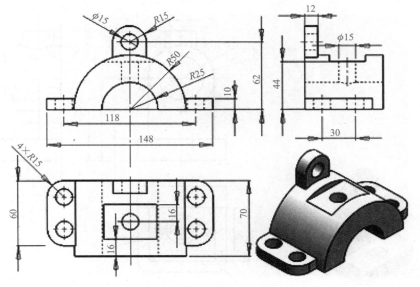

图 5-4-46

AR

【创新导航】

（1）计算一下图 5-4-2 的底板上表面与直径 30 的圆筒最下端距离，30-10-30/2=5，如果要在孔中穿过螺栓用螺母固定，这个距离太小，需要增大距离。加入 M8 的螺母的厚度为 6.8（AB 级）或者 7.9（C 级），所以应将距离增加到 7.9+5=13，再将孔改为螺母的最大尺寸 14.38，取 14.5，成为一个台阶孔，深度有 4 毫米。或者将孔向两边移动，空隙加大。

打开工程图文件，双击尺寸"30"，改为 38，如图 5-4-47 所示。

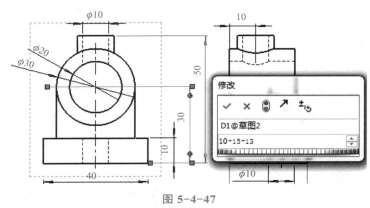

图 5-4-47

如果重建模型时出现错误，那就追溯到出错的地方，如建立距离底面 50 的基准面的步骤，将尺寸增加 13，然后重建模型，即可。修改成功的模型如图 5-4-48 所示，三视图如图 5-4-49 所示。

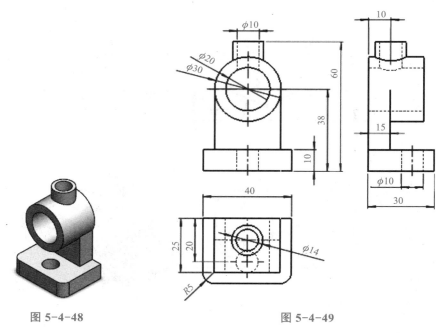

图 5-4-48   图 5-4-49

（2）图 5-5-46 中直径 15 的孔是为了配合管螺纹，让油流到 R25 的圆柱面内润滑吗？如果是，可以考虑将圆柱面加工一个沟槽，让油占据的面积大一些，增加润滑性。前后方向沟槽的轴线与孔的中心垂直相交。

（3）直径 30 的孔可以最小到多少？既然是轴承座，肯定与轴承的外圈直径有关，查轴承的最小外圈直径即可知道。经过查询机械制图附录，得知深沟球轴承最小内径 20，外径分别是 42、47、52、72 不等，圆锥滚子轴承外径分别是 47、52、47、52，推力球轴承对应的外径分别是 35、40、47、60，所以根据使用情况设定圆筒子直径大小。

任务 5.5　确定机件的表达方法及解题思路

任务 5.5.1　补画剖视图中的漏线

■ 【任务描述】

如图 5-5-1 所示，补画剖视图中的漏线。

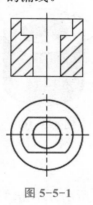

图 5-5-1

■ 【任务分析】

这是为了形成简单的全剖视图，复杂图形的全剖视图形成方法与此相同。

■ 【任务实施】

（1）选择上视基准面（图 5-5-2）。
（2）绘制圆（图 5-5-3）。
（3）拉伸成圆柱（图 5-5-4）。

图 5-5-2

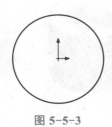

图 5-5-3

图 5-5-4

（4）选择圆柱的上表面为绘图面。

（5）绘制圆（图 5-5-5）。

（6）拉伸切除（图 5-5-6）。

（7）选择上表面绘图绘制图形（图 5-5-7）。

（8）拉伸切除（图 5-5-8）。

（9）旋转观察（图 5-5-9）。

（10）在上表面绘制矩形（图 5-5-10）。

（11）拉伸切除，成全部剖视图（图 5-5-11）。

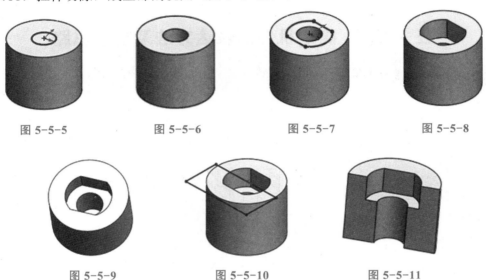

图 5-5-5   图 5-5-6   图 5-5-7   图 5-5-8

图 5-5-9   图 5-5-10   图 5-5-11

（12）观察看到的边线。

（13）形成剖视图。

①先形成三视图，如图 5-5-12 所示。单击"视图布局"，出现图 5-5-13 的工具栏，单击"剖面视图"。出现对话框，将鼠标指针虚放置在剖切位置，要画剖切线的视图被拐角实线其余是虚线的矩形框框住，同时出现画直线指示（图 5-5-14）。经过中心画水平剖切直线，画完直线，图 5-5-15。

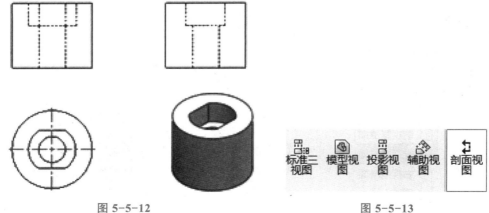

图 5-5-12   图 5-5-13

②出现剖切符号和投影，如果是第一次剖切，符号是 $A—A$，第二次剖切，出现的符号是 $B—B$，以此类推，如图 5-5-16 所示。勾选"反转方向"，字母和剖面图都反转方向（图 5-5-17），在屏幕空白或者合适处单击，确定放置剖视图的位置（图 5-5-18）。

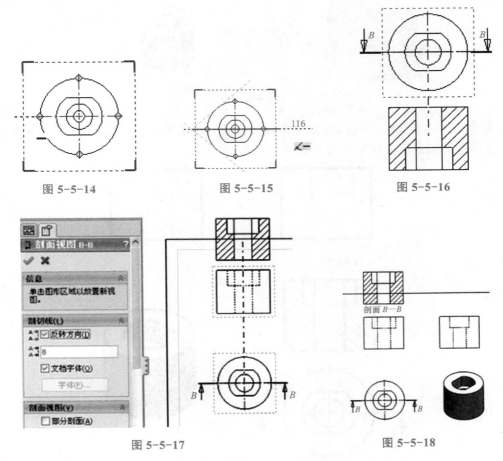

图 5-5-14　　　　　　　图 5-5-15　　　　　　　图 5-5-16

图 5-5-17　　　　　　　　　　　　　　图 5-5-18

③用鼠标右键单击剖面图，出现图 5-5-19 对话框，单击"解除对齐关系"。

将剖视图拖动到合适位置（图 5-5-20）。双击剖切位置的字母 B，改为 A，剖视图名称也自动改为 $A—A$（图 5-5-21）。

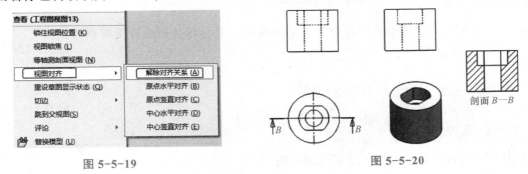

图 5-5-19　　　　　　　　　　　图 5-5-20

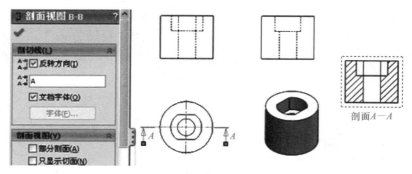

图 5-5-21

④解除对齐关系后，可以将剖视图拖动位置，将文字"剖面 $A—A$"拖动到剖视图的上方，符合国家标准规定（图 5-5-22）。

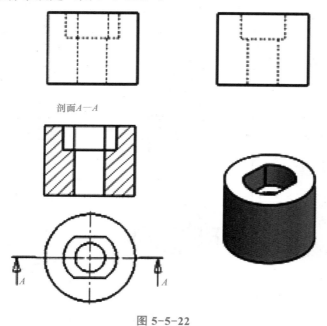

剖面 $A—A$

图 5-5-22

⌨ **注意**

　用剖面视图方法形成的视图是带剖面线的。直接拉伸切除时没有剖面线。

任务 5.5.2　绘制截交线剖视图

■【**任务描述**】

　如图 5-5-23 所示，绘制截交线剖视图。

■【任务分析】

截平面是前视基准面的平行面，切割圆柱，在主视图上得到的是矩形的变形。

■【任务实施】

用任务 5.1.1 中的方法我们可以做出如图 5-5-24 所示的剖视图，可以直接借用图 5-5-2～图 5-5-4。

对于有疑惑的截交线、相贯线要做出立体图形来帮助判断。

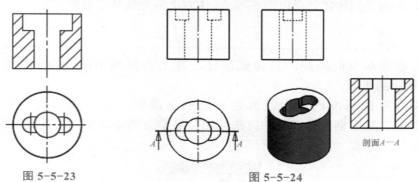

图 5-5-23　　　　　　　　　　　图 5-5-24

💻 提示

对于软件自动形成的视图，要仔细分辨，要修整，添加必要的因素（如中心线），删除必要的图线（如切边）等。

任务 5.5.3　绘制相贯线剖视图

■【任务描述】

如图 5-5-25 所示，绘制相贯线剖视图。

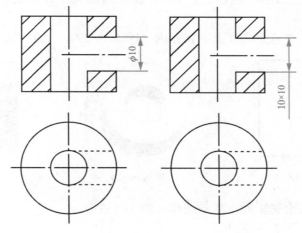

图 5-5-25

📖 **注意**

标注"φ10"与"10×10"含义不同。

■ 【任务分析】

圆柱跟圆柱的交线是相贯线，而四棱柱与圆柱的交线是截交线。根据不同的标注得到结论，带 φ 的是回转体，所以图 5-5-25 中左边的交线是相贯线。

■ 【任务实施】

（1）在上视基准面画圆，拉伸成圆柱，在上表面画小圆，拉伸切除，得到如图 5-5-26 所示的图形。

（2）离开右视基准面一定距离建立新的基准面，这个距离大于圆柱的半径（图 5-5-27）。这个创建基准面的方法常用，要学会熟练操作。在其他方位也是一样的原理。

图 5-5-26

图 5-5-27

（3）在新基准面上画圆（直径为 10），注意圆的大小在虚线之内（隐藏线可见）（图 5-5-28）。

（4）拉伸切除，注意距离在上下直孔内（图 5-5-29）。结果如图 5-5-30 所示。

图 5-5-28

图 5-5-29

图 5-5-30

（5）在圆柱顶面绘制矩形，准备剖切（图 5-5-31）。

（6）拉伸切除（图 5-5-32）。

（7）正视于，如图 5-5-33 所示。

图 5-5-31　　　　　图 5-5-32　　　　　图 5-5-33

查阅相贯线的简化画法，以大圆半径画弧连接两个点即可。

（8）在这个立体的基础上作图 5-5-25 的右图。单击"回退"按钮，直到第三步，将圆弧删除改为正方形。拉伸切除，作出剖视图（图 5-5-34～图 5-5-37）。

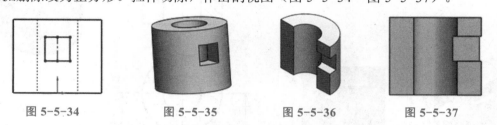

图 5-5-34　　　　图 5-5-35　　　　图 5-5-36　　　　图 5-5-37

研讨图线的含义。首先形成三视图（图 5-5-38）。找到对应关系如图 5-5-39 所示。

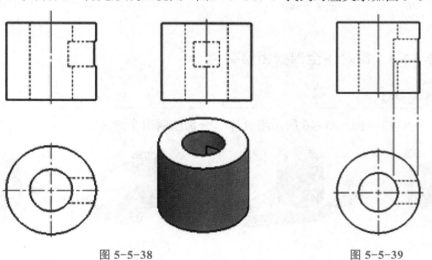

图 5-5-38　　　　　　　　　　图 5-5-39

矩形孔可以看作四个平面，是两种类型的平面，正平面切割圆柱得到矩形，垂直于轴线的平面切割圆柱，正垂面在正面的投影是直线。切面与圆柱的公共部分是矩形和直线的大小。我们正面看切面，得到的图形如图 5-5-40、图 5-5-41 所示。这个图形可以帮助我们理解教材上的理论总结。这个理论要在实际做题中得到加强印象和灵活处理。将来看到切平面的性质就能很快想到切出来的图形是什么，是直线，是矩形，还是圆等。这种练习要多锻炼，是有针对性的锻炼，不是仅仅做题就可以的。

（9）用软件形成剖视图（图 5-5-42），与剖切得到的视图相比较。

利用软件得到的三视图，特别是简单立体的三视图是正确的。即使有些错误也是好理解纠正的，对于帮助纠正自己的错误理解很有实用价值，在没有别人在场时，它是一个很好的帮手。

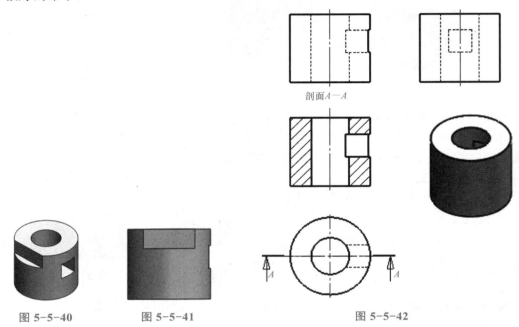

剖面 $A—A$

图 5-5-40　　　　　图 5-5-41　　　　　　图 5-5-42

任务 5.5.4　组合体全剖视图绘制

【任务描述】

如图 5-5-43～图 5-5-46 所示组合体，分别绘制出全剖视图。

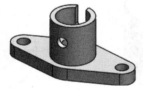

图 5-5-43　　　　　图 5-5-44　　　　　图 5-5-45　　　　　图 5-5-46

【任务分析】

（1）组合体的形式繁多，这里也只能找几个例子说明问题。

（2）这些是典型题目，造型稍微复杂，但是不难，用到基准面的创建。注意用到隐藏线可见的显示方法帮助准确定位。剖切面位置一般要经过对称中心线。画线时注意利用"捕捉"命令画准确些。

■【任务实施】

一、组合体（孔都分布在剖切面上）任务实施步骤

作图过程如下：
（1）在上视基准面做圆（图 5-5-47）。
（2）拉伸成实体（图 5-5-48）。
（3）在上视基准面做圆及半圆矩形（图 5-5-49）。

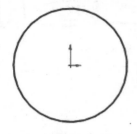
图 5-5-47

图 5-5-48

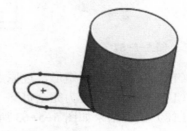
图 5-5-49

（4）拉伸成实体（图 5-5-50）。
（5）绘制草图圆（图 5-5-51）。
（6）拉伸实体（图 5-5-52）。
（7）在上表面绘制圆（图 5-5-53）。
（8）拉伸切除。深度为完全贯穿。
（9）底面绘制圆（图 5-5-54）。

图 5-5-50

图 5-5-51

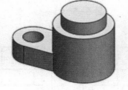
图 5-5-52

图 5-5-53

（10）拉伸切除，深度如图 5-5-55 所示。
（11）观察内部情况。切除后的结果如图 5-5-56 所示。
（12）创建基准面 1，平行于右视基准面，距离大于大圆柱半径（图 5-5-57）。

图 5-5-54

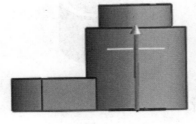
图 5-5-55

图 5-5-56

（13）在基准面1上画圆，立体用隐藏线可见模式（图5-5-58）。

（14）拉伸切除预览，确定合适深度（图5-5-59）。

（15）拉伸结果如图5-5-60所示。

图 5-5-57

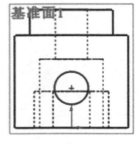

图 5-5-58

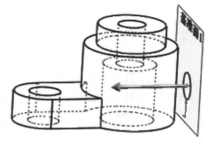

图 5-5-59

（16）在顶面绘制矩形，过原点（图5-5-61）。

（17）切除。深度为完全贯穿（图5-5-62）。

（18）正视结果如图5-5-63所示。

（19）讨论线段含义。右边是相贯线，可以简化画出。圆弧半径是右下立圆柱半径。

（20）用软件形成剖视图（图5-5-64），修正后，如图5-5-65所示。

图 5-5-60　　　　　图 5-5-61　　　　　图 5-5-62　　　　　图 5-5-63

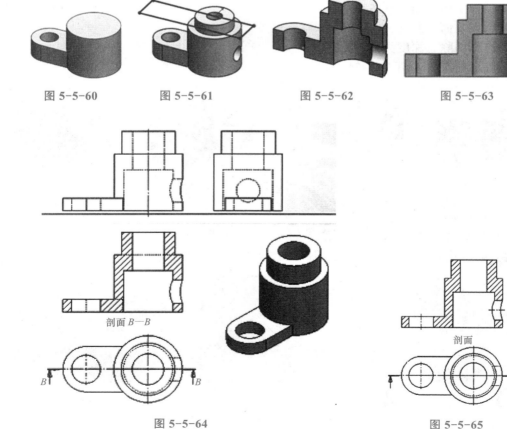

图 5-5-64　　　　　　　　　　　　　　图 5-5-65

二、组合体（孔在剖切面的前后都有）任务实施步骤

作图步骤如下：

（1）按照图 5-5-66～图 5-5-82 图形顺序进行三维造型。

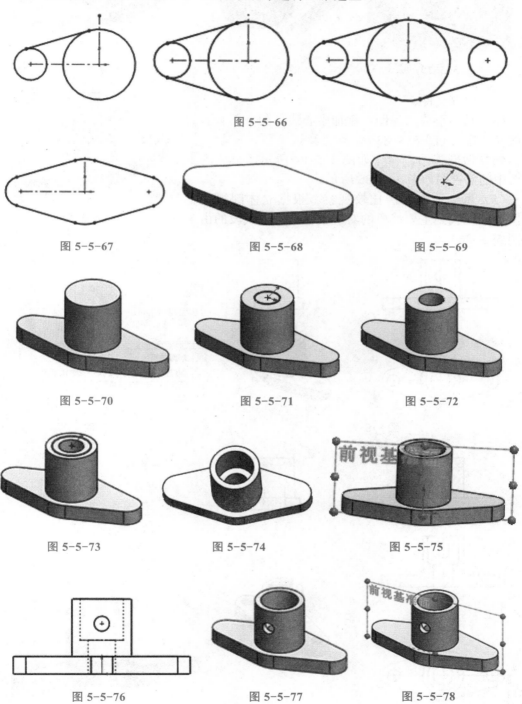

图 5-5-66

图 5-5-67　　　　　　　　图 5-5-68　　　　　　　　图 5-5-69

图 5-5-70　　　　　　　　图 5-5-71　　　　　　　　图 5-5-72

图 5-5-73　　　　　　　　图 5-5-74　　　　　　　　图 5-5-75

图 5-5-76　　　　　　　　图 5-5-77　　　　　　　　图 5-5-78

图 5-5-79

图 5-5-80

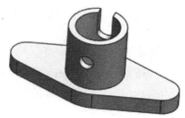
图 5-5-81

（2）保存文件。

（3）马上形成三视图，添加中心线，隐藏不必要的边线（切边）（图 5-5-83）。

（4）做剖视图。命令如图 5-5-84 所示，形成的工程图中的剖视图如图 5-5-85 所示。

（5）做立体剖切，比较观察。根据立体剖视和工程图的剖视找到主要线段的对应关系，理解线段的由来（图 5-5-86）。

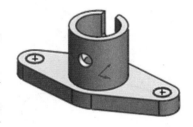
图 5-5-82

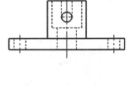

图 5-5-83

剖面视图

通过使用剖面线切割父视图来添加剖面视图、对齐的剖面视图或半剖面视图。

图 5-5-84

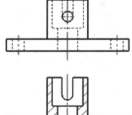
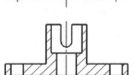
剖面 A—A
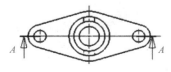
图 5-5-85

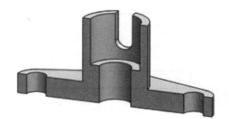
图 5-5-86

三、图 5-5-45 组合体（孔和内腔分布在剖切面上，左视图对称）任务实施步骤

主视图做成全剖视图，造型时要注意利用原点，底座的拉伸要两侧对称。注意区别假想剖切和真实剖切的不同。

作图步骤如下：

（1）按照图 5-5-87～图 5-5-104 所示图形顺序进行三维造型。

图 5-5-87

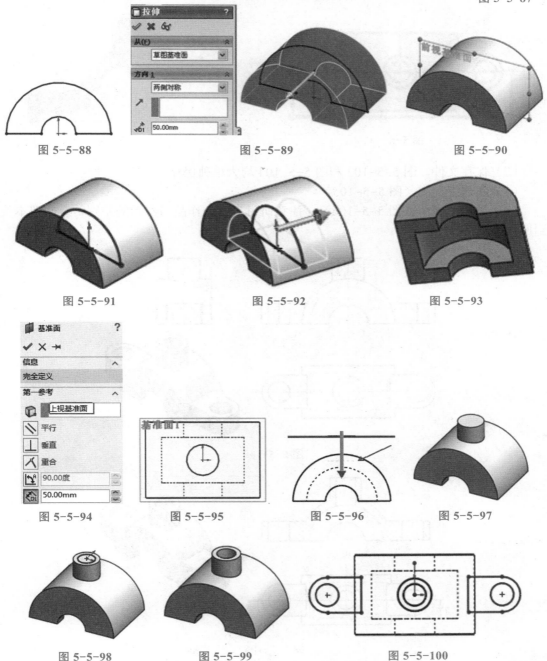

图 5-5-88　　　　　　图 5-5-89　　　　　　图 5-5-90

图 5-5-91　　　　　　图 5-5-92　　　　　　图 5-5-93

图 5-5-94　　图 5-5-95　　图 5-5-96　　图 5-5-97

图 5-5-98　　　　　图 5-5-99　　　　　图 5-5-100

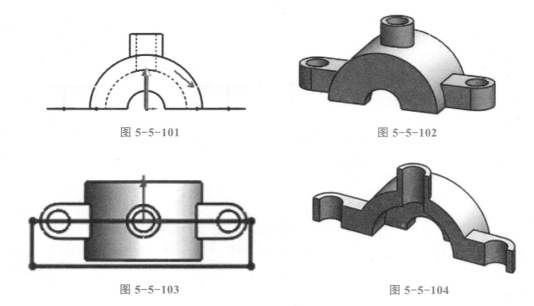

图 5-5-101　　　　　　　　　　　图 5-5-102

图 5-5-103　　　　　　　　　　　图 5-5-104

（2）保存文件。图 5-5-102 和图 5-5-104 均为单独保存。

（3）新建工程图（图 5-5-105）。

（4）添加剖面图（图 5-5-106）。注意研讨自己的作品与本图的差别，查阅课本找到原因，改正。

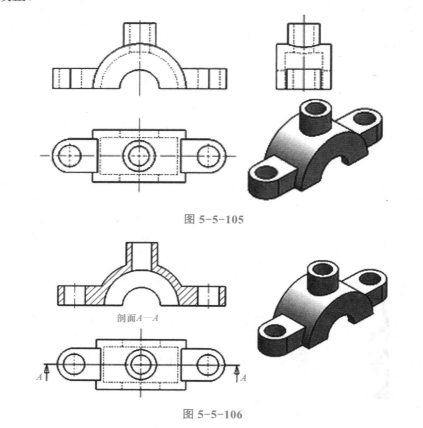

图 5-5-105

剖面 $A—A$

图 5-5-106

四、图 5-5-46 组合体（孔内腔分布在剖切面上，左视图不对称）任务实施步骤

作图过程如下：

（1）按照图 5-5-107～图 5-5-114 图形顺序进行三维造型。

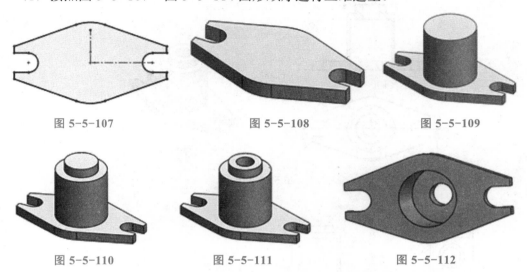

图 5-5-107　　　　　　　　　图 5-5-108　　　　　　　　　图 5-5-109

图 5-5-110　　　　　　　　　图 5-5-111　　　　　　　　　图 5-5-112

（2）形成三视图（图 5-5-115）。注意主视图、俯视图中间留出剖视图存放位置。

（3）制作两个剖面视图（图 5-5-116）。在俯视图画线，经过对称中心，形成主视图的剖视图 $A—A$，在主视图画竖直线，经过对称中心，形成剖视图 $B—B$。

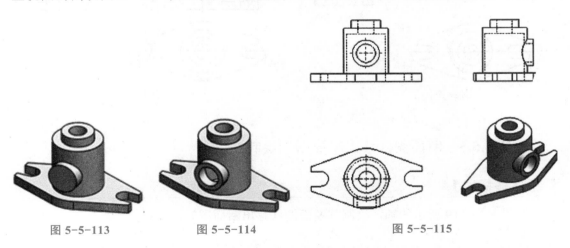

图 5-5-113　　　　　　　　图 5-5-114　　　　　　　　图 5-5-115

调整图形位置，单击剖视图 $B—B$，单击鼠标右键，在弹出的快捷菜单中执行"视图对齐"→"解除对齐关系"命令。将剖视图 $B—B$ 移动到与 $A—A$ 左右对正位置。（图 5-5-117）。

再次调整如图 5-5-118 所示。

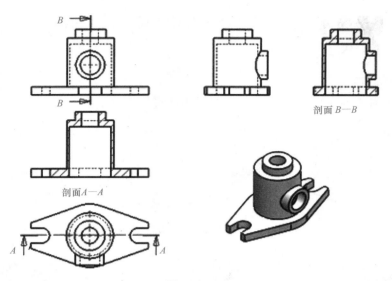

图 5-5-116

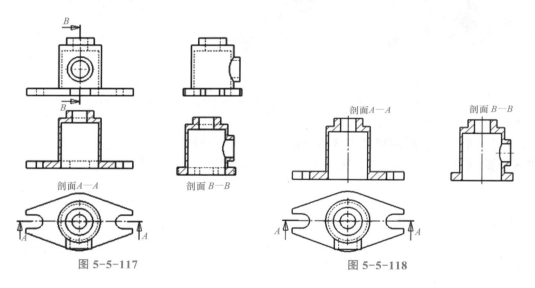

图 5-5-117　　　　　　　　　　　　　图 5-5-118

任务 5.5.5　断面图（移出断面图）绘制

■【任务描述】

如图 5-5-119 所示的轴，绘制其断面图（移出断面图）。

图 5-5-119

■【任务分析】

移出断面图的形成与剖视图的形成方法一样。

■【任务实施】

作图过程如下：

（1）按照图 5-5-120～图 5-5-123 所示图形顺序进行三维造型。执行"实体表面"→"转换实体应用"命令（图 5-5-124），四条边线就形成了（图 5-5-125）。

图 5-5-120

图 5-5-121

图 5-5-122

图 5-5-123

图 5-5-124

（2）拉伸切除。切除到图示的顶点（图 5-5-126）。然后切除另一边，顺序如图 5-5-127～图 5-5-129 所示。

（3）造型键槽。在前视基准面画键槽图形（图 5-5-130）。拉伸切除，采用等距形式。等距距离 90/2 － 4 ＝ 41，90 是键槽所在的圆柱直径。深度可以大些。切除方向是向圆柱外。切除结果如图 5-5-131 所示。

（4）继续按照图示顺序作图。做出圆柱和倒角，如图 5-5-132～图 5-5-134 所示。

图 5-5-125

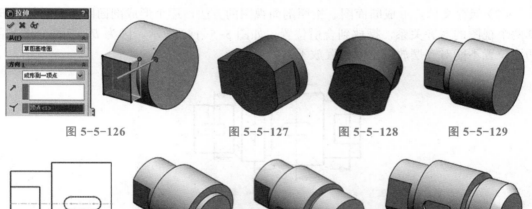

图 5-5-126　　　　　　图 5-5-127　　　　　　图 5-5-128　　　　　　图 5-5-129

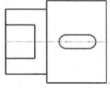

图 5-5-130

图 5-5-131

图 5-5-132

图 5-5-133

（5）在前视基准面绘制如图 5-5-135 所示图形，尖角角度为 118/2。旋转切除成水平孔（图 5-5-136）。

（6）按照图 5-5-137、图 5-5-138 形成立孔。

形成水平孔，如图 5-5-139～图 5-5-141 所示。

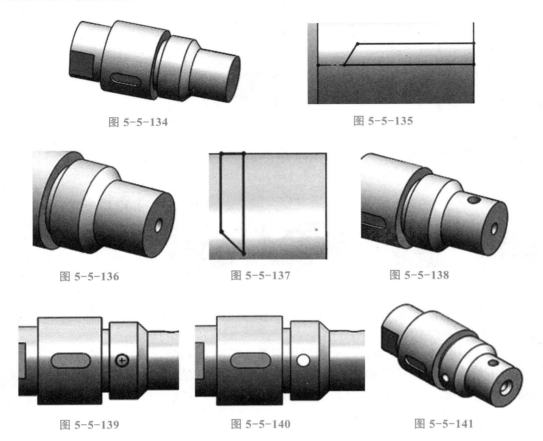

图 5-5-134   图 5-5-135

图 5-5-136   图 5-5-137   图 5-5-138

图 5-5-139   图 5-5-140   图 5-5-141

（7）保存文件，形成断面图。按照剖面视图的方法，逐个形成剖面图，然后解除 B、D 两个视图的对齐关系，摆放到合适位置，如图 5-5-142 所示。因为 B、D 两个图与剖切面位置不能对齐摆放，空间位置放不下。

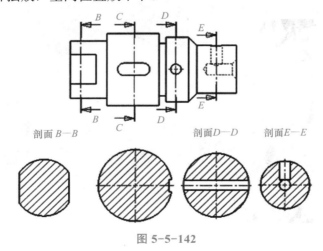

图 5-5-142

将剖面 D—D 缺少的两段圆弧补上。剖面 E—E 要按照制图要求改画。出现问题，要查证建模过程中的失误，改正。

　　从主视图来看，剖面 E—E 处的相贯线明显错误，肯定建模时有问题，找到建模时的特征位置，"切除－旋转 2"，单击前面的三角，出现草图（图 5-5-143），执行"草图"→"编辑草图"命令，将草图改为矩形（图 5-5-144），然后执行"重建模型"命令（图 5-5-145），重新显示模型主视图，如图 5-5-146 所示，重新生成剖面视图，注意选择"横截剖面"，形成的视图如图 5-5-147 所示，然后补画圆弧，形成符合要求的断面图，如图 5-5-148 所示。

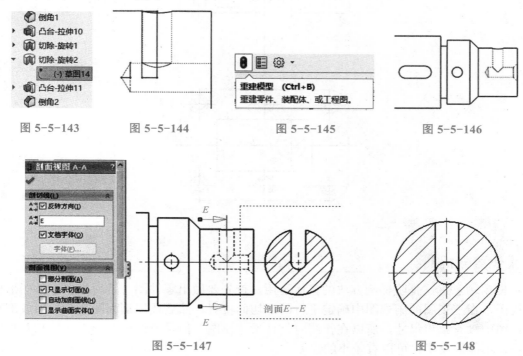

图 5-5-143　　　　图 5-5-144　　　　　图 5-5-145　　　　　图 5-5-146

图 5-5-147　　　　　　　　　　　　　　　　图 5-5-148

　　可以在立体模型中进行切割，观察剖面形状，理解端面图补画相关圆弧的理由。
　　总体视图如图 5-5-149 所示。
　　如果各个轴段的长度足够长的话，4 个断面图可以顺次摆放，可以不加标注。

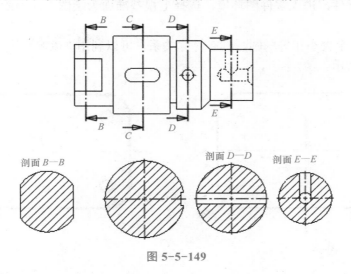

图 5-5-149

任务 5.5.6　阶梯剖图形绘制

■【任务描述】

用几个平行的剖切平面将主视图画成全剖视图（图 5-5-150）（阶梯剖）。

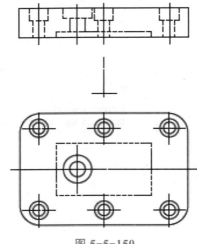

图 5-5-150

■【任务分析】

根据题意，这是阶梯剖方法的具体运用，首先要做出零件图，然后根据零件图形成三视图，在三视图的俯视图中确定平行的剖切面位置，然后调用剖面图命令，形成剖视图。图中没有给出尺寸，所以在作图时估计尺寸作图，但是要保证图形之间的相对位置关系，不能搞反了，可以有较小的误差。

■【任务实施】

作图步骤如下：

（1）启动软件，进入零件图环境，选择上视基准面为绘图平面，绘制如图 5-5-151 所示的图形。

（2）绘制 6 个大小相等的圆，具有对称关系，可以利用"镜像实体"命令快速作图，如图 5-5-152 所示。

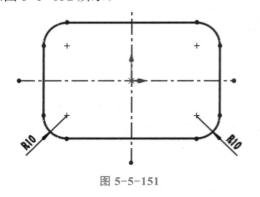

图 5-5-151

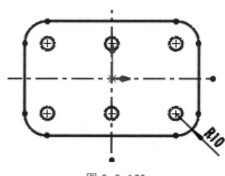

图 5-5-152

（3）拉伸成实体，深度可以选取 20，结果如图 5-5-153 所示。

（4）在上视基准面绘制矩形（图 5-5-154）。

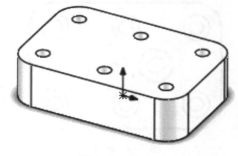

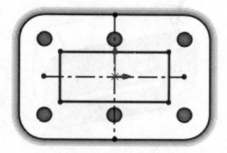

图 5-5-153　　　　　　　　　　　　图 5-5-154

（5）拉伸切除，深度可以为 5 毫米，注意切除的方向向上。旋转工件观察效果如图 5-5-155 所示。

（6）执行"等轴测"命令 ⬡，然后选择实体的上表面为绘图平面，绘制圆，如图 5-5-156 和图 5-5-157 所示。

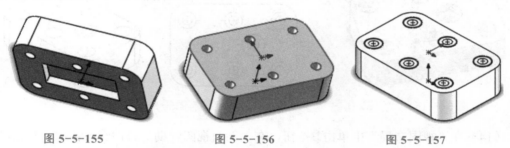

图 5-5-155　　　　　　　图 5-5-156　　　　　　　图 5-5-157

（7）拉伸切除，深度可以为 8，结果如图 5-5-158 所示。

（8）单击实体上表面，执行"隐藏线可见"命令 ▣，执行"正视于"命令，绘制圆，如图 5-5-159 所示。

（9）拉伸切除，深度为完全贯穿，仰视观察效果如图 5-5-160 所示。

（10）在实体上表面绘制圆，在隐藏线可见情况下绘制，大小要与六个较大圆在水平方向上有"交叉"，否则，就失去了阶梯剖视图的意义了（图 5-5-161）。

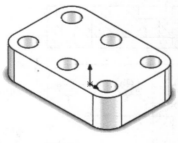

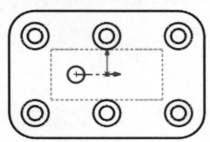

图 5-5-158　　　　　　　　　　　　图 5-5-159

（11）拉伸切除，深度可以是 6 毫米，结果如图 5-5-162 所示。

（12）保存文件。

（13）执行 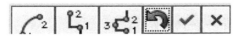 从零件/装配体制作工程图命令，形成三视图，如图 5-5-163 所示。注意主视图和俯视图之间尽量拉大距离，以便将来能够放得下剖视图。

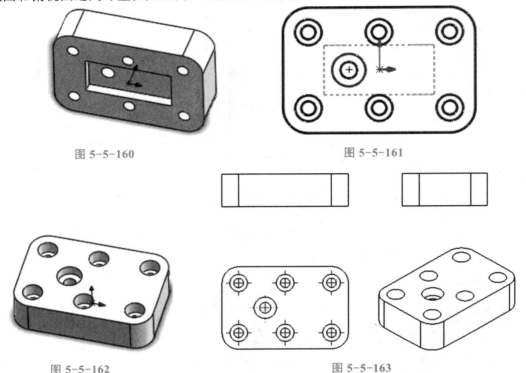

图 5-5-160　　　　　　　　　　　　　　　　　　图 5-5-161

图 5-5-162　　　　　　　　　　　　　　图 5-5-163

（14）在"视图布局"中单击 按钮，在"剖面视图辅助"属性管理器中，单击"剖面视图"按钮 剖面视图 。在"切割线"下，取消勾选"自动开始剖面实体"复选框，在"切割线"下选择合适的剖切线类型，在视图上定义第一个剖切平面位置（从边缘开始选），弹出窗口如图 5-5-164 所示，单击"单偏移"按钮 ，将指针移动至所需位置并单击以选择等距的第一个点开始偏移，相当于定义转折位置。将指针移动至所需位置并单击以选择等距的第二个点以设置偏移深度，相当于第二个剖切平面位置。单击"确定"按钮以关闭剖面视图弹出窗口。将预览拖动至合适位置，然后单击以放置阶梯剖视图。不要字母标记，如图 5-5-165 所示。

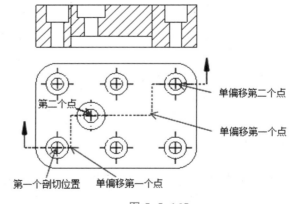

图 5-5-164　　　　　　　　　　　　　　　　图 5-5-165

（15）修整，单击剖切面位置的交线，如图 5-5-166 所示，单击 按钮，隐藏线段。结果如图 5-5-167 所示。

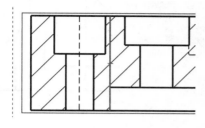

图 5-5-166

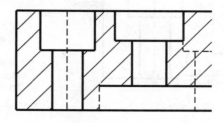

图 5-5-167

同样隐藏掉其他虚线，结果如图 5-5-168 所示。绘制底板槽右边的对应线段（图 5-5-169）。

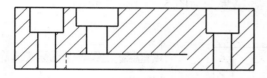

图 5-5-168

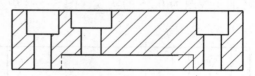

图 5-5-169

添加中心线（图 5-5-170）。

（16）保存成 .dwg 文件（图 5-5-171）。

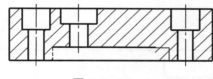

图 5-5-170

图 5-5-171

（17）重新打开 dwg 文件，按照图 5-5-172 默认选项，执行"下一步"→"下一步"→"完成"命令，打开的界面如图 5-5-173 所示。

（18）去掉剖面线。单击剖面线（图 5-5-174），出现图 5-5-175 所示的界面，单击"无"前面的圆圈，结果剖面线去掉（图 5-5-176）。

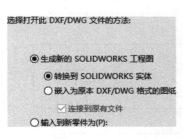

图 5-5-172

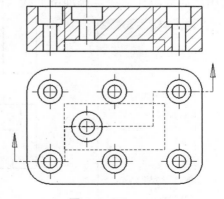

图 5-5-173

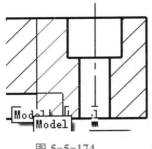
图 5-5-174

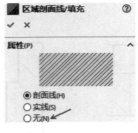
图 5-5-175

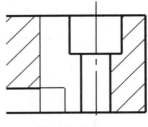
图 5-5-176

删除不需要的线段和剖面线，用鼠标右键单击要删除的线段和剖面线，单击"删除"即可，结果如图 5-5-177 所示。

利用线条样式工具，将图 5-5-177 左边虚线改为实线（图 5-5-178），利用线粗工具将细实线改为 0.25 的实线（图 5-5-179）。结果变为图 5-5-180 所示图形。

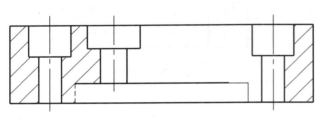
图 5-5-177

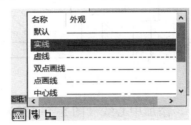
图 5-5-178

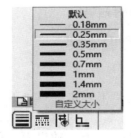
图 5-5-179

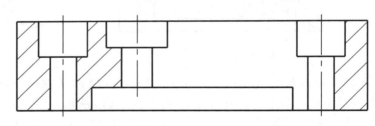
图 5-5-180

利用剖面线填充命令，添加剖面线（图 5-5-181）。

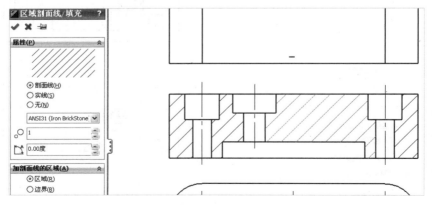
图 5-5-181

删除箭头（图 5-5-182），利用 Ctrl 键，同时选中四条虚线（图 5-5-183），删除。

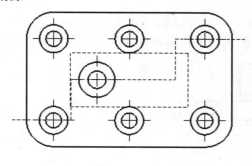

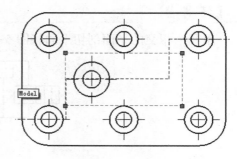

图 5-5-182　　　　　　　　　　　　　　　图 5-5-183

利用"注释"命令，添加注解，不要引线，输入字母 A，大小设定为"20"，确认后的结果如图 5-5-184 所示。

⌨ **说明**

这里的字母按照制图国家标准可以不加，本做法是为了说明添加字母的做法，以后拿来用即可。

整体效果如图 5-5-185 所示。

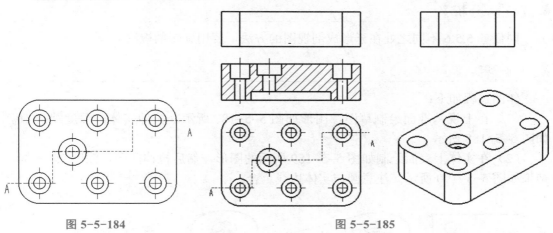

图 5-5-184　　　　　　　　　　　　　　图 5-5-185

⌨ **说明**

不剖的主视图和左视图，删除即可。

用 SW 制作阶梯剖的过程完毕。这里的做法，特别是剖切位置不是唯一的，可以根据自己的喜好来决定，但转折位置不要跟别的界限重合，要遵守国家标准。

任务 5.5.7　多个相交平面剖切（旋转剖）图形的绘制

■【任务描述】

用几个相交的平面剖切平面将图 5-5-186 所示的主视图画成全剖视图（旋转剖）。

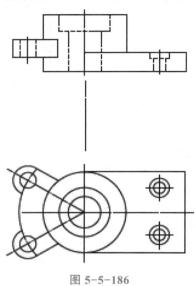

图 5-5-186

■【任务分析】

同任务 5.5.6 不同之处在于形成剖视图的方法，要用旋转剖视法。

■【任务实施】

作图过程如下：

（1）在上视基准面绘制草图，图形如图 5-5-187 所示。拉伸实体，深度默认 10，如图 5-5-188 所示。

（2）在实体上表面绘制如图 5-5-189 所示的图形，然后拉伸凸台，深度 25～30，结果如图 5-5-190 所示。注意圆与实体边线重合。

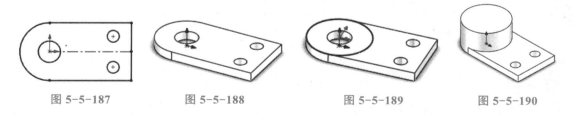

图 5-5-187　　　　　图 5-5-188　　　　　图 5-5-189　　　　　图 5-5-190

（3）旋转实体，在上视基准面绘制圆，与孔边线重合（图 5-5-191）。然后拉伸切除，完全贯穿（图 5-5-192）。

（4）在实体上表面绘制圆（图 5-5-193），然后拉伸切除，深度估计 10，结果如图 5-5-194 所示。

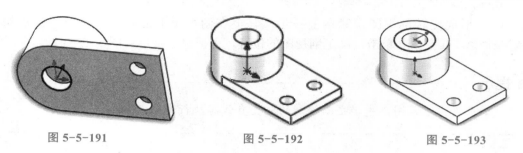

图 5-5-191　　　　　　　　图 5-5-192　　　　　　　　图 5-5-193

（5）在底板上表面绘制两个相等的圆（图 5-5-195），然后拉伸切除，深度约 5，结果如图 5-5-196 所示。

图 5-5-194　　　　　　　　图 5-5-195　　　　　　　　图 5-5-196

（6）左边伸出实体造型。

创建基准面，离开上视基准面大约 8 毫米处建立基准面（图 5-5-197）。在基准面上绘制图形（图 5-5-198），注意圆弧与实体边线重合。右边两个同心圆不要画。然后拉伸凸台，大约 10 毫米（图 5-5-199）。

（7）保存文件。

（8）形成三视图（图 5-5-200）。

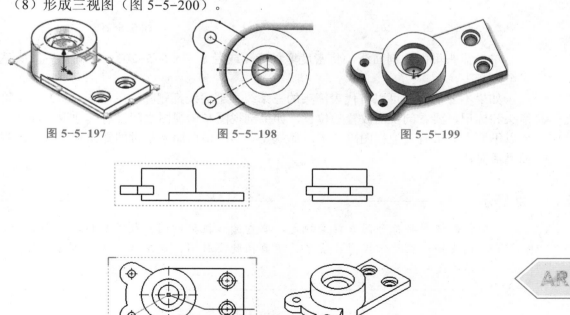

图 5-5-197　　　　　　　　图 5-5-198　　　　　　　　图 5-5-199

图 5-5-200

（9）形成旋转剖视图。紧接上一步，马上在俯视图上绘制相交直线，然后执行 剖面视图 命令。在空白处单击，确定剖视图的位置，去掉标志字母（图 5-5-201）。

（10）去掉标志字母，在空白处单击，确定剖视图的位置。

（11）修整剖视图，加上中心线等（图 5-5-202），然后保存成 dwg 文件，再打开。在代表剖切面的两端即起、讫及转折处绘制粗实线段，长度大约 5 毫米，线粗为 0.25 毫米。然后删除虚线。

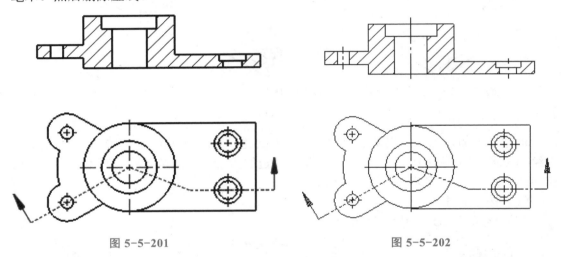

图 5-5-201   图 5-5-202

单击箭头里面的剖面线，将密度增加为 4 或者 8（图 5-5-203），确认后箭头就像完全黑箭头。

如果不要箭头，可以将代表箭头的三条线和剖面线都删除（图 5-5-204）。是否要箭头和标记，要看剖视图放置的位置，如果剖视图和俯视图之间没有其他视图隔开，就可以不要。如果有其他视图隔开了，那就要有。要根据原来学过的知识和国家标准规定而灵活对待。

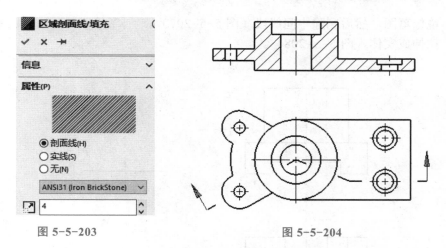

图 5-5-203　　　　　　　　　　　　　　图 5-5-204

总结

　　用 SW 三维软件作图，只是换了个工具，把铅笔换成了鼠标，但是作图的依据还是机械制图的基本知识，所以本教程的好处就是在学习三维造型的同时，复习巩固了机械制图的基础，将知识之间架起了一座沟通的桥梁，知识不再是孤立的，将知识点变成知识线，再进一步变成知识体系，专业知识和技能就打好了基础，到了工作单位，一切的实习锻炼都是为了补充框架里面的细节，都是在走向成功、走向完美。

　　SW 软件，在零件图的造型和形成综合视图方面也有上佳表现。在项目六中大家会看到。

　　SW 在装配图中还有不错的表现。

　　这里的操作过程，只是初步，要熟练操作还需要多练习，多变化练习，在一个作业中多换几个做法，看看有哪些不同，理解就深刻了。

任务 5.5.8　画向视图

【任务描述】

　　根据主俯视图，在指定位置画出 D、E、向视图（图 5-5-205）。

【任务分析】

　　本任务学习向视图的做法。向视图的概念是可以自由配置的视图，相对于 6 个基本视图的位置来说，是自由随意摆放的，但不能违背清晰的原则。D 是从右向左看，E 是从下向上看。

【任务实施】

　　作图步骤如下：

（1）在前视基准面上绘制图 5-5-206 所示的草图。

（2）镜像草图，然后删除中间线段（图 5-5-207）。

（3）拉伸成实体（图 5-5-208）。

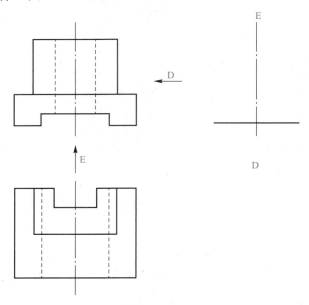

图 5-5-205

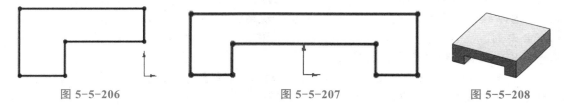

图 5-5-206　　　　　　　　　　图 5-5-207　　　　　　　　　　图 5-5-208

（4）选择上表面为绘图基准面，绘制矩形和中心线（图 5-5-209）。添加几何关系，使得矩形左右两边以中心线对称（图 5-5-210）。

（5）拉伸成实体（图 5-5-211）。

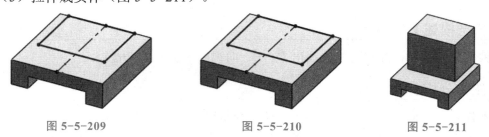

图 5-5-209　　　　　　　　　　图 5-5-210　　　　　　　　　　图 5-5-211

（6）选择实体上表面为绘图平面，绘制矩形，矩形的两边以中心线对称（图 5-5-212）。注意让隐藏线可见，让矩形左右两边在虚线之内（图 5-5-213）。绘图时要正视于绘图平面，绘制完毕后要在轴测图位置观察（图 5-5-213），这也是一种检查，便于及时纠正错误。

（7）拉伸切除，注意要选择完全贯穿（图 5-5-214）。注意在屏幕空白处单击。

（8）轴测图位置观察（图 5-5-215）。

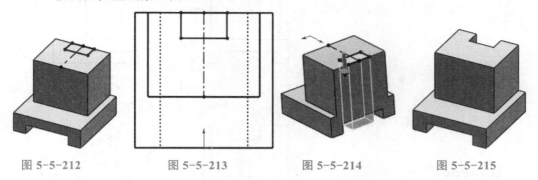

图 5-5-212　　　图 5-5-213　　　图 5-5-214　　　图 5-5-215

（9）保存文件。

（10）形成三视图。执行"新建"→"从零件 / 装配体制作工程图"命令（图 5-5-216）。出现对话框，单击"确定"按钮即可。选中前视图形，拖动到图纸左上角合适位置。在适当位置单击，确定主视图，向下移动鼠标指针，在合适位置单击，确定俯视图。移动鼠标指针到左视图方向，在合适位置单击，确定左视图。移动鼠标到左上角位置，单击出现轴测图，单击对话框中的对号，确认视图。将鼠标指针放到轴测图中的某条线上，线段变为不同的颜色高亮显示，鼠标指针处出现十字图标，表示可以移动。按下鼠标左键拖动，将图形移动到三视图的右下角位置，释放鼠标（图 5-5-217）。

图 5-5-216

（11）单击"主视图"（图 5-5-218），单击"隐藏线可见"（图 5-5-219），结果变为虚线可见的样式。其他视图也是如此处理。有时候处理一个后其他视图都是隐藏线可见，有时需要分次单击处理，如图 5-5-220 所示。

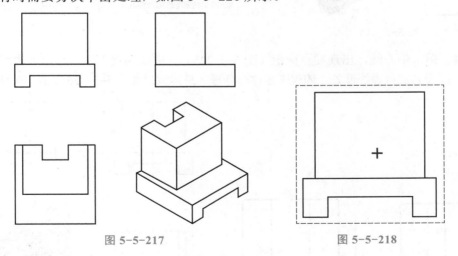

图 5-5-217　　　　　　　　　　图 5-5-218

（12）单击轴测图，单击图 5-5-219 中的右边第二个按钮—"带边线上色"。结果如图 5-5-221 所示。

（13）添加中心线符号。执行"中心线"命令（图 5-5-222）。单击主视图的两条虚线（图 5-5-223），结果在虚线中间出现中心线（图 5-5-224）。

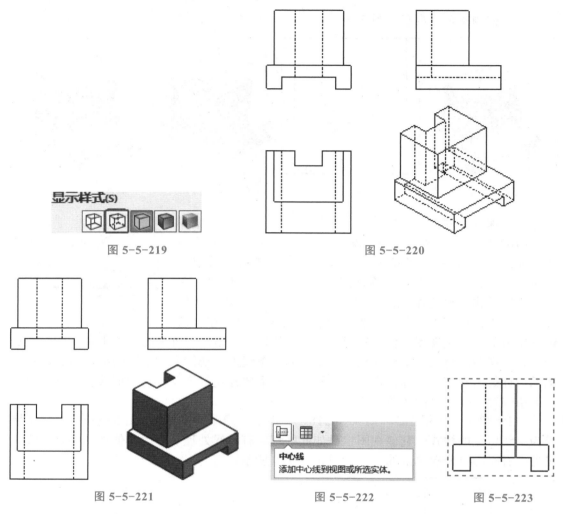

图 5-5-219

图 5-5-220

图 5-5-221

图 5-5-222

图 5-5-223

（14）单击中心线，出现端点标记（图 5-5-225）。拖动端点下拉到超出下边线 5 毫米多一点，或者到蓝色虚线框处。俯视图也这样处理，总体效果如图 5-5-226 所示。保存文件。

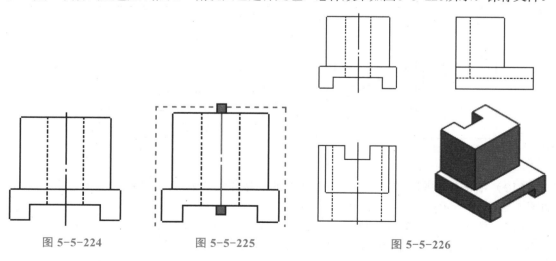

图 5-5-224

图 5-5-225

图 5-5-226

（15）执行"视图布局"→"辅助视图"命令（图 5-5-227）。出现如图 5-5-228 所示的对话框。

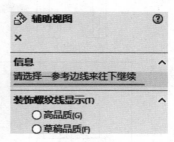

图 5-5-227　　　　　　　　　　　　　　图 5-5-228

（16）根据提示，点击主视图底板槽口的水平线（图 5-5-229），出现箭头，移动鼠标指针位置，使得箭头向上时，在适当位置单击，出现向视图。在俯视图的下方，如图 5-5-229 所示左下角位置。

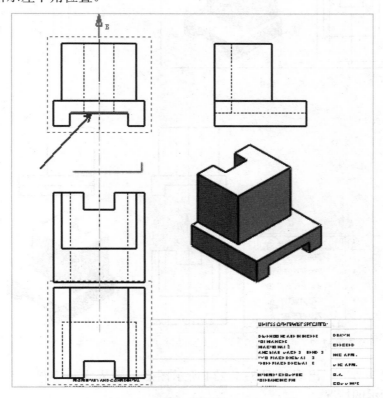

图 5-5-229

（17）选中刚形成的向视图，拖动到主视图的上面位置，将箭头下拉到主视图下面（图 5-5-230）。

（18）单击视图 B（这里的编号是软件自动编的，暂时不管）（图 5-5-231），单击鼠标右键，在弹出的快捷菜单中单击"解除对齐关系"，如图 5-5-232 所示。

将视图 B 拖动到右边，将文字"视图 B"拖动到图形的上面（图 5-5-233）。

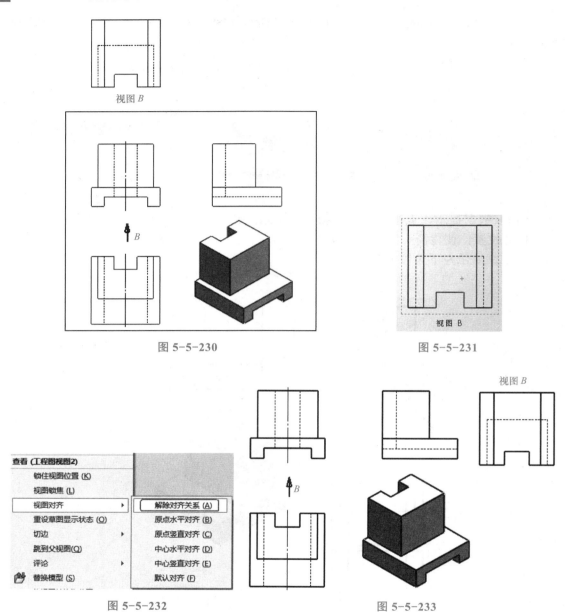

视图 B

图 5-5-230

图 5-5-231

图 5-5-232

图 5-5-233

视图 B

　　双击"视图 B"，出现如图 5-5-234 所示图形。输入大写字母"E"，结果变为图 5-5-235 所示的情况。

　　单击"视图 E"，出现"注释"对话框，勾选"手工视图标号"（图 5-5-236），删除"视图"两个字，箭头处的标记字母也自动随之改变，结果如图 5-5-237 所示。

　　（19）单击"辅助视图"，单击图 5-5-238 所示箭头所指的线段，形成向视图 D，在左边的对话框中将箭头下面的框中输入 D，在主视图右边，单击确定视图，保证箭头向左。

　　解除对齐关系，移动视图，合理布局（图 5-5-239）。

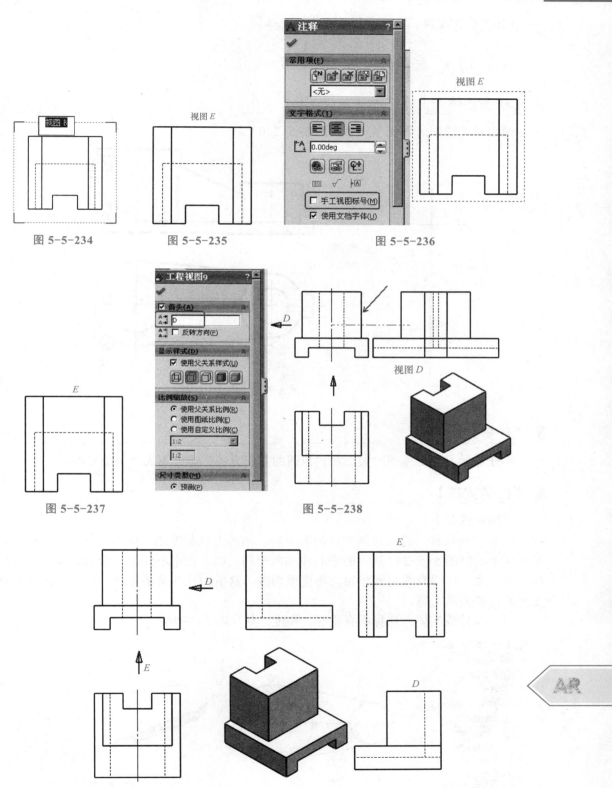

图 5-5-234

图 5-5-235

图 5-5-236

图 5-5-237

图 5-5-238

图 5-5-239

AR

（20）保存文件。

任务 5.5.9　画局部视图和斜视图

■【任务描述】

画出局部视图 A 和斜视图 B（图 5-5-240）。

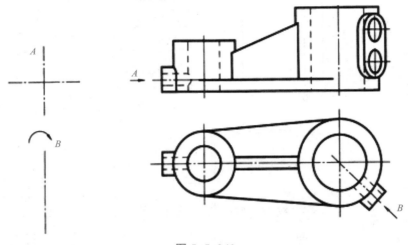

图 5-5-240

■【任务分析】

本任务学习局部视图的做法和斜视图的制作方法。难度不大，但需要耐心。

■【任务实施】

作图步骤如下：

（1）启动软件，进入绘制零件的界面后，单击上视基准面（图 5-5-241），在上视基准面上绘制图 5-5-242 所示的中心线和两个圆，圆心在中心线上。绘制直线，然后添加几何关系，使得直线与圆相切，再镜像切线。这里的尺寸是估计的，但要保证各部分之间的位置关系正确。

（2）拉伸成实体，选择所有轮廓。高度默认（图 5-5-243）。

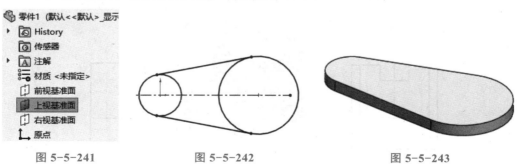

图 5-5-241　　　　　　　图 5-5-242　　　　　　　图 5-5-243

（3）选择实体上表面为绘图平面，绘制圆。与轮廓圆等直径（图 5-5-244）。

（4）拉伸实体（图 5-5-245），高度自定，但与原图相似协调。同理拉伸成实体，形成右边圆柱体（图 5-5-246）。

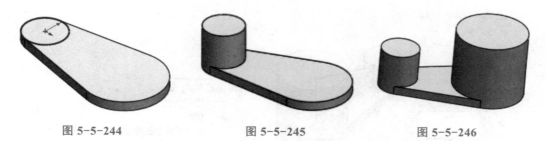

图 5-5-244　　　　　　　图 5-5-245　　　　　　　图 5-5-246

（5）选择图 5-5-247 所示的底板上表面为绘图面，绘制图 5-5-248 所示的中心线和水平线段，与圆相交。

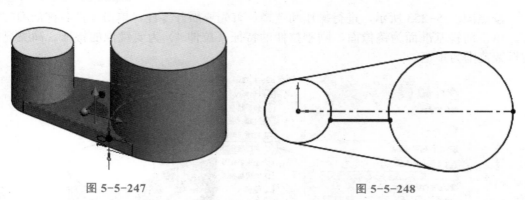

图 5-5-247　　　　　　　　　　　　图 5-5-248

（6）退出草图。

（7）执行"前视基准面"→"正视于"命令（图 5-5-249）。

（8）绘制图形，注意底边线的长度大于图 5-5-249 的水平线的长度（图 5-5-250）。

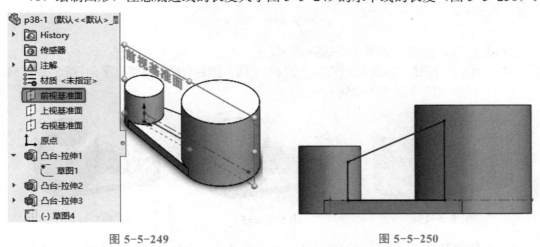

图 5-5-249　　　　　　　　　　　　图 5-5-250

（9）拉伸成实体，选择"成形到一顶点"，"点 7@ 草图 4"，即图 5-5-249 中直线与圆的交点，两个交点中选择任意一个即可。从这里看出，作图是为了定位用的（图 5-5-251）。

（10）确认后，执行"镜像"命令（图 5-5-252）。

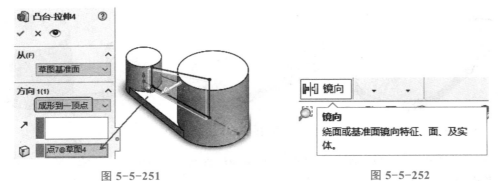

图 5-5-251   图 5-5-252

按照图 5-5-253 所示，进行操作和选择。首先要展开零件，单击零件名称前面的加号，单击前视基准面为镜像面，刚刚拉伸的特征（拉伸 4）为要镜像的特征。高亮显示的框架范围为预览。

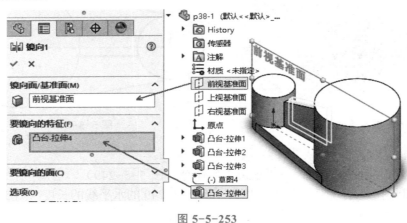

图 5-5-253

（11）确认后的结果如图 5-5-254 所示。

（12）单击大圆柱上表面为绘图面，绘制两个圆，圆心与轮廓圆圆心重合（图 5-5-255）。

（13）拉伸切除（图 5-5-256）。

图 5-5-254   图 5-5-255   图 5-5-256

（14）创建基准面，执行"基准面"命令（图 5-5-257），展开零件明细，单击"右视基准面"，出现图 5-5-258 所示的预览。

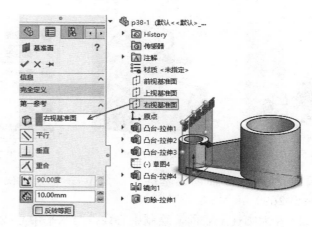

图 5-5-257　　　　　　　　　　　　　图 5-5-258

（15）根据预览情况，调整参数，将"反向"勾选，单击竖直向上距离调整箭头，直到合适，如图 5-5-259 所示。

（16）单击对号确认。单击"基准面 1"按钮 ▦ 基准面1，单击"正视于" ↧，绘制图形（图 5-5-260）。

（17）拉伸实体。注意，"成形到下一面"如图 5-5-261 所示。

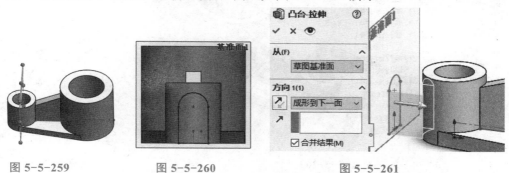

图 5-5-259　　　　　　图 5-5-260　　　　　　　　　图 5-5-261

（18）还是在基准面 1 上绘图，画圆，注意圆心的位置与底板上平面平齐（图 5-5-262）。在隐藏线可见情况下作图较准确。

（19）修改定形尺寸。从结果来看，如图 5-5-263 所示，凸台圆弧处太高了，需要调整。单击"凸台 - 拉伸 5"前面三角展开特征树，单击草图，编辑草图（图 5-5-264），选择图 5-5-265 所示的切点，按下鼠标左键向下拉动，到合适位置释放。单击"重建模型" ⑧，结果合适，如图 5-5-266 所示。

（20）执行"基准轴"命令（图 5-5-267），单击大圆柱体，出现基准轴（图 5-5-268）。

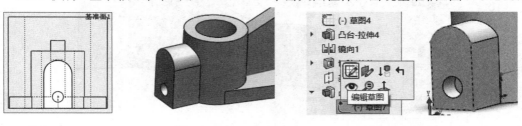

图 5-5-262　　　　　　　图 5-5-263　　　　　　　图 5-5-264

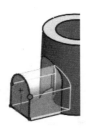

图 5-5-265	图 5-5-266	图 5-5-267	图 5-5-268

（21）利用基准轴创建基准面，建立一个与前视基准面呈 45°夹角的基准面 2（图 5-5-269）。

（22）在大圆柱上表面，绘制中心线，与水平中心线（正视于后）呈 45°，绘制点 2，离开圆柱外表面适当距离，如图 5-5-270 所示。

（23）经过基准轴，垂直于基准面 2 创建基准面 3（图 5-5-271）。

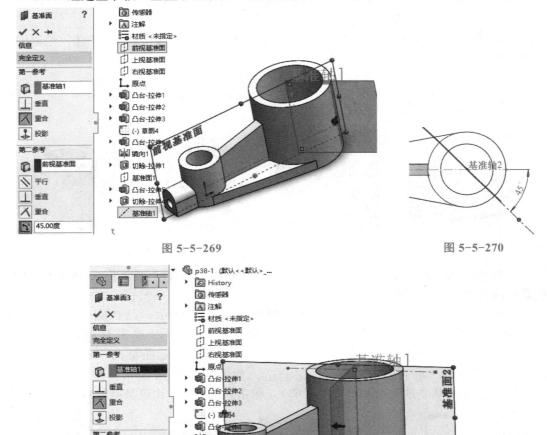

图 5-5-269   图 5-5-270

图 5-5-271

（24）经过点 2，平行于基准面 3 建立基准面 4（图 5-5-272）。

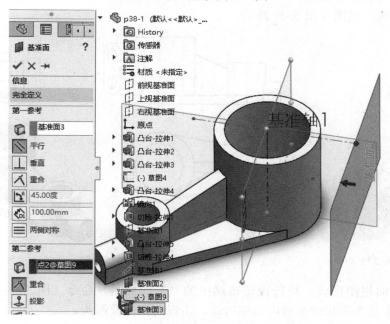

图 5-5-272

（25）在基准面 4 上绘制如图 5-5-273 所示的图形，注意下半圆与底板上表面标志线相切。

（26）拉伸成实体，如图 5-5-274 所示。

（27）隐藏基准面，单击三个基准面（图 5-5-275），单击图 5-5-276 所示的图标。

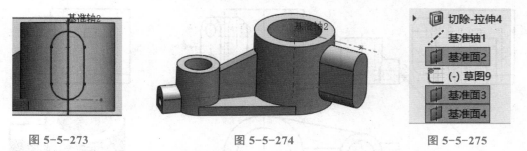

图 5-5-273　　　　　　　　　图 5-5-274　　　　　　　　　图 5-5-275

（28）将凸台平面作为绘图面（图 5-5-277），绘制图 5-5-278 所示的图形。

（29）拉伸切除（图 5-5-279）。

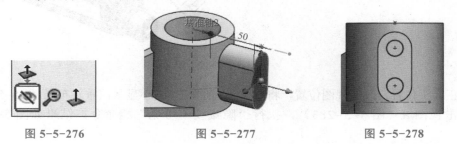

图 5-5-276　　　　　　　　　图 5-5-277　　　　　　　　　图 5-5-278

（30）保存文件。

（31）形成三视图（图 5-5-280）。

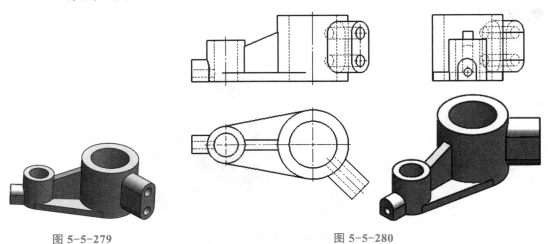

图 5-5-279　　　　　　　　　　　　　　　图 5-5-280

（32）A 向视图形成。执行视图布局中的"辅助视图"命令（图 5-5-281），单击图 5-5-282 中箭头所指的主视图最左边线，出现向视图及箭头。

图 5-5-281

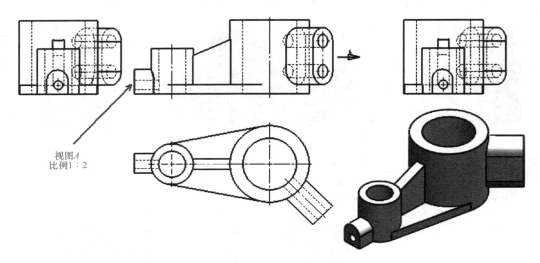

视图A
比例1：2

图 5-5-282

修正箭头位置，改变视图位置，将立体图（轴测图）缩小显示，重新布局（图 5-5-283）。

单击视图 A（图 5-5-283），执行"隐藏线不可见" ⬚ 命令，结果如图 5-5-284所示。

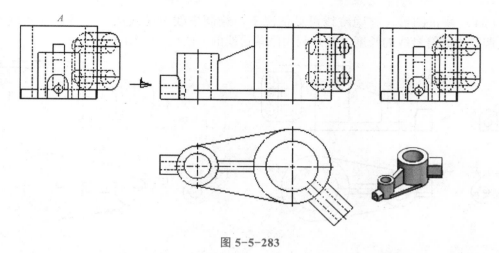

图 5-5-283

单击某条线，单击"隐藏边线"（图 5-5-285），线段消失，如图 5-5-286 所示。

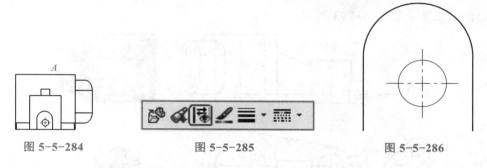

图 5-5-284　　　　　　　　　　图 5-5-285　　　　　　　　　　图 5-5-286

利用"直线"命令，补充所缺图线（图 5-5-287）。

⌨️**说明**

这里的图形有点不对称，是因为三维造型时几何关系添加不完整所导致。所以在造型时要把几何关系添加完整。

（33）B 向视图形成。执行"辅助视图"命令，单击图 5-5-288 所示的箭头所指边线，出现箭头及向视图。解除对齐关系，拖动视图到左边，单击箭头符号 C，改为 B（图 5-5-289）。隐藏多余线段（图 5-5-290）。总体如图 5-5-291 所示。

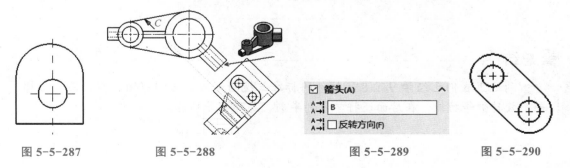

图 5-5-287　　　　　　图 5-5-288　　　　　　　　图 5-5-289　　　　　　图 5-5-290

（34）修正图形，在隐藏线可见情况下，绘制虚线对应线段，然后让隐藏线不可见，调整中心符号线的长度，其余利用隐藏边线的方法处理（图 5-5-292）。

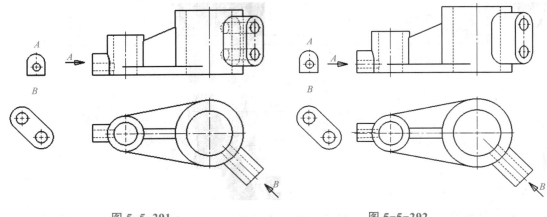

图 5-5-291   图 5-5-292

总体效果图如图 5-5-293 所示。

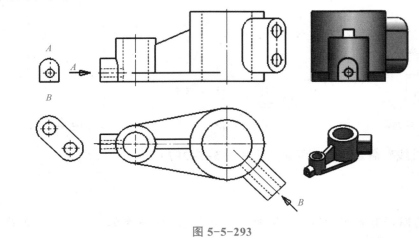

图 5-5-293

（35）保存文件。

⌨ **说明**

可以利用"旋转"命令将 B 向视图整体旋转。

⌨ **总结**

到这里我们已经学习了 SW 软件的标准三视图形成、全剖视图、断面图、阶梯剖、旋转剖等功能，在后面还将学习到半剖、局部剖等功能。

【创新导航】

（1）这里涉及的机件表达方法比较全面了。可以用来解决机械制图习题集或者大作业的一些题目了。

（2）如果两个组合体放在一起时怎样选用表达方案？看看图 5-5-294 的方案是否可行？ *GG* 平行于 *HH*，是通过俯视图上下圆心的剖切图，*FF* 平行于 *EE*，是通过俯视图水平过两个圆心的连线的剖视图，虚线框 *G—G* 和 *F—F* 表示图线解除了跟立体的对应关系，成为独立的草图了。根据剖视图的定义，后面应该有外形图，如图 5-5-295 所示，但有了 *H—H* 图，觉得是重复多余。大家可以讨论怎样合适。

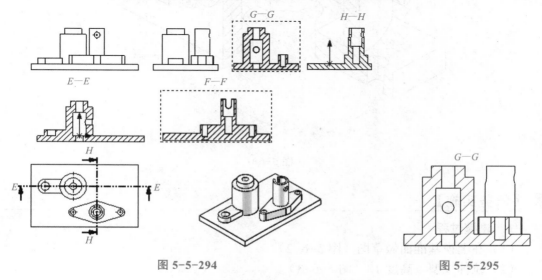

图 5-5-294　　　　　　　　　　　　　图 5-5-295

对于这种没有先例的表达，最能考验对基本知识的掌握程度，反复考虑，要求不能违背制图的原则，还要图纸清晰简洁。

任务 5.6　表达方法综合运用指导

【任务描述】

根据图 5-6-1 轴测图选择合适的表达方法，并标注尺寸。

【任务分析】

图 5-6-1 所示结构不复杂，造型也不难。要选择一个简单合适的表达方法较难。所以本题一题多解，没有固定唯一答案。所以本任务试图给出几个不同的方法和不同的表达方案，一一展现在面前，思考优缺点。体会软件在这样的问题处理方面的方便性。

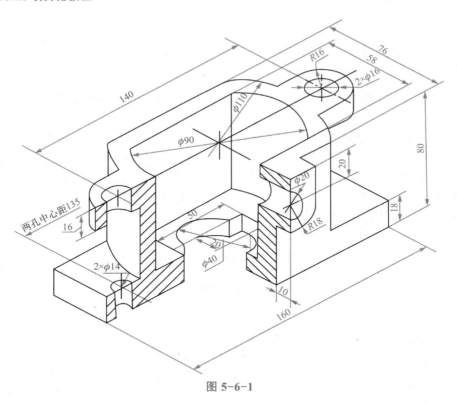

图 5-6-1

▌【任务实施】

1．建模过程

（1）在上视基准面做草图（图 5-6-2）。

（2）拉伸成型，高度 18（图 5-6-3）。

（3）选择上表面绘制草图（图 5-6-4），拉伸成实体，高度 62（图 5-6-5）。

（4）选择实体上表面绘制如图 5-6-6 所示图形。

（5）拉伸成实体，深度 16（图 5-6-7）。

（6）绘制草图（图 5-6-8）。拉伸 10（图 5-6-9）。

（7）绘制直径 20 的圆（图 5-6-10），拉伸切除，穿透箱体前壁厚度（图 5-6-11）。
完成立体造型。

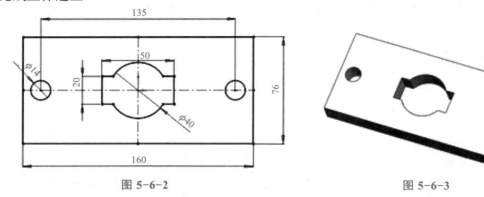

图 5-6-2   图 5-6-3

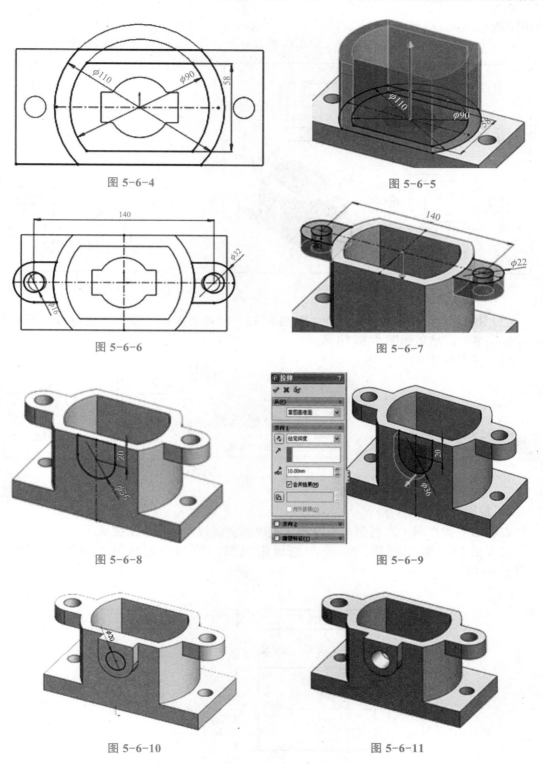

图 5-6-4

图 5-6-5

图 5-6-6

图 5-6-7

图 5-6-8

图 5-6-9

图 5-6-10

图 5-6-11

2．三视图形成

（1）按照 A3 横向图纸，不考虑图框标题栏，1 : 1 比例，三视图及轴测图总体布局图形如图 5-6-12 所示。

（2）去除切线。单击图 5-6-13 箭头所指的切线，点击隐藏/显示边线（图 5-6-14）。

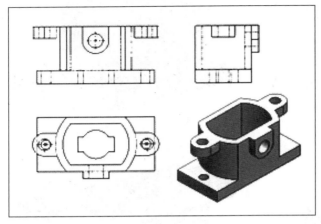

图 5-6-12

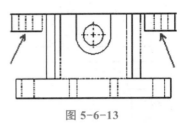

图 5-6-13

（3）执行"添加中心线"命令（图 5-6-15），单击虚线（以中心线对称的虚线中的任意一条），结果如图 5-6-16 所示。

（4）保存文件。

图 5-6-14

图 5-6-15

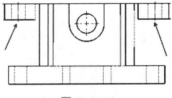

图 5-6-16

3．视图方案 1

主视图＋俯视图＋左视图，主视图、左视图全剖视，全部手工完成。

（1）绘制底板三视图。先绘制底板俯视图，再画出底板的主视图和左视图（图 5-6-17）。

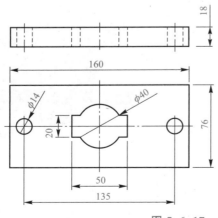

图 5-6-17

（2）画中间体三视图（图 5-6-18）。

（3）画凸台三视图（图 5-6-19）。

（4）将主视图全剖，左视图全剖，俯视图修整。完成图如图 5-6-20 所示。

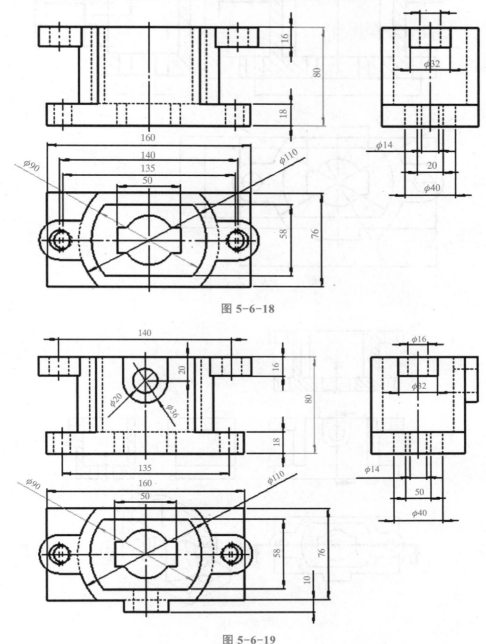

图 5-6-18

图 5-6-19

4．视图方案 2

主视图 + 俯视图 + 左视图，主视图、左视图全剖视，基本上由软件完成。

（1）在俯视图上绘制剖切线，得到主视图全剖视图，在主视图绘制剖切线，得到左视图全剖视图（图 5-6-21）。

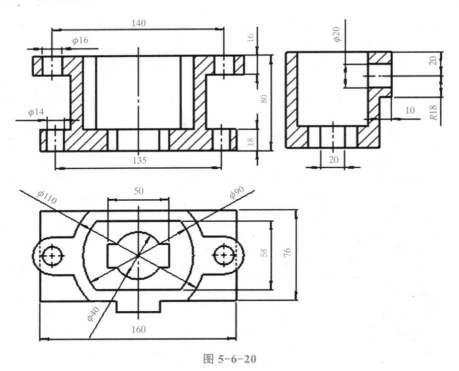

图 5-6-20

图 5-6-21

（2）布局视图，将 *B—B* 剖视图解除对齐关系，拖动位置，放到与 *A—A* 剖视图对齐的位置。保留立体图，如图 5-6-22 所示。

（3）将"剖面 *A—A*""剖面 *B—B*"放到图样上面，将虚线隐藏：执行"剖视图"→"隐藏虚线"命令。

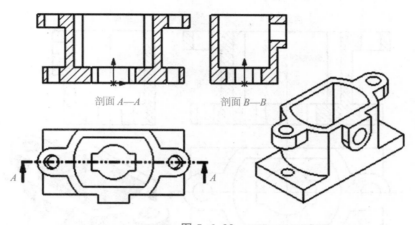

剖面 A—A　　　　　　剖面 B—B

图 5-6-22

⌨ **说明**

　　做剖视图的目的之一是尽量减少虚线，使得图面整洁。结果如图 5-6-23（a）所示。

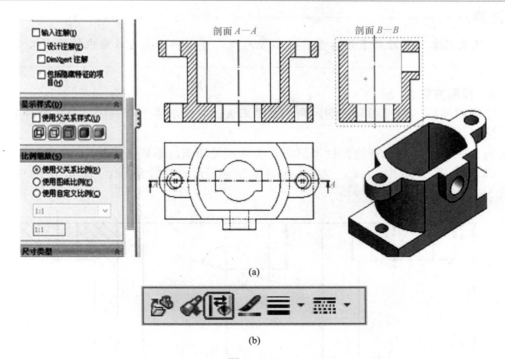

(a)

(b)

图 5-6-23

　　（4）去掉俯视图不必要的线条，结构能在其他视图上表达清楚了的，在俯视图上就不要再出现。在俯视图上，点击圆，单击"隐藏/显示边线"［图 5-6-23（b）］。整个俯视图中隐藏线不可见，形成如图 5-6-24 所示图形。补充俯视图的中心线。

剖面 *A—A*　　　　　　　剖面 *B—B*

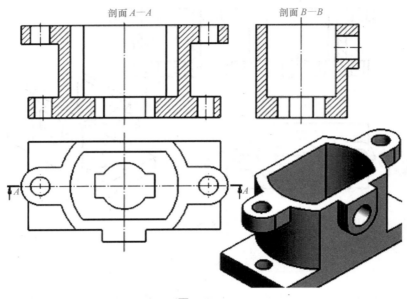

图 5-6-24

🖮 **注意**

这里及本节之后的表达方案暂时不管尺寸，可以参考表达方案中的所有尺寸。

5．视图方案 3

主视图半剖，俯视图局部剖，两个视图来表达。全部手工（利用计算机软件）一步一步绘制。

（1）主视图半剖。查阅教材半剖的要求等相关知识，不要想当然。

（2）注意中间中心线，左边不剖视的部分，虚线删除，保留孔的中心线（图 5-6-25）。

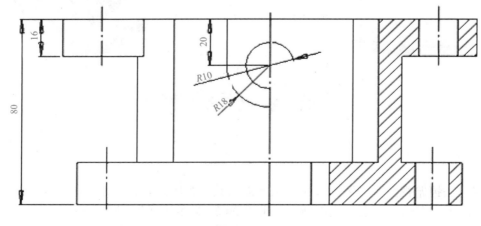

图 5-6-25

（3）俯视图：局部剖视。底板的孔已经在主视图表达了，所以俯视图可以不画，只画出中心线来即可（图 5-6-26）。

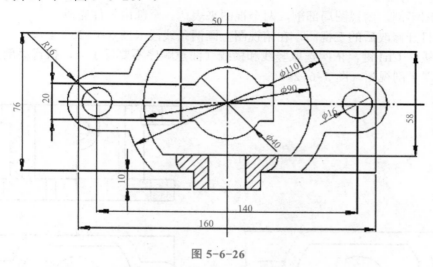

图 5-6-26

（4）左视图，可以不要。两个图形总体效果如图 5-6-27 所示。

无问题时，描深图线（更改线粗）。

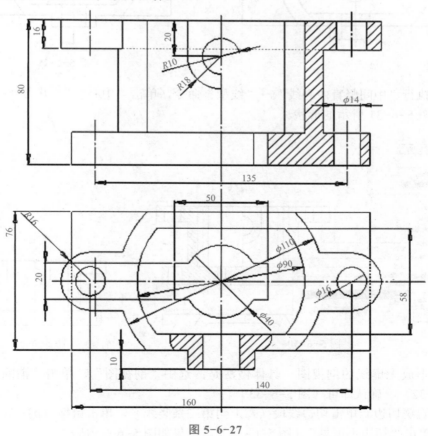

图 5-6-27

比较两个方案的不同。选择一个，说说理由。

6. 视图方案 4

主视图半剖，俯视图局部剖，两个视图来表达。全部由软件完成。

（1）打开修改后的三视图，在俯视图上画两条线段（图 5-6-28）。

（2）按住 Ctrl 键，依次选取竖线和横线（注意顺序不要反了），执行"剖面视图"命令，出现半剖视图（图 5-6-29）。

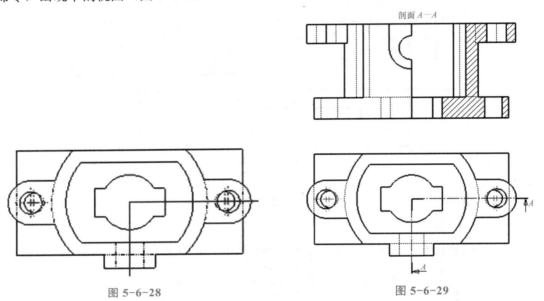

图 5-6-28   图 5-6-29

（3）执行"中间竖直中心线"→"线型"命令，单击"中心线"（图 5-6-30）。结果变为如图 5-6-31 所示的形状。

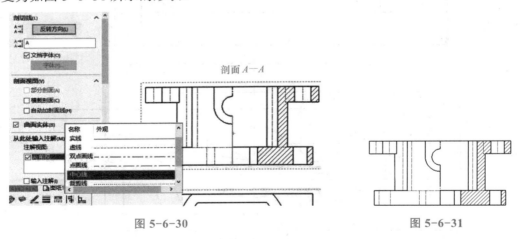

图 5-6-30   图 5-6-31

（4）形成无虚线的剖视图。具体做法是：选中"剖视图"，单击"消除隐藏线"（图 5-6-32），确认即可（图 5-6-33）。

（5）隐藏切边。单击切边线段（左上角第二条竖线），单击鼠标右键，在弹出的快捷菜单中单击"切边不可见"（图 5-6-34），结果如图 5-6-35 所示。

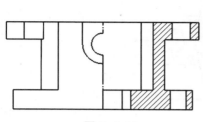

图 5-6-32

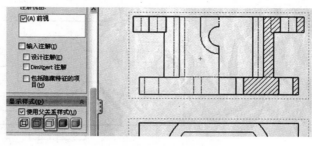

图 5-6-33

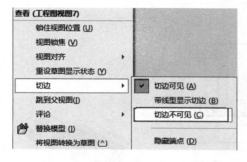

图 5-6-34

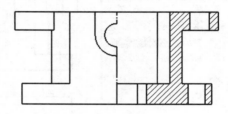

图 5-6-35

（6）添加中心线：用"直线"中的"中心线"命令画，然后镜像。注意用 ⊞ 做出的中心线不能镜像（图 5-6-36）。

（7）修改线粗细：选中所有的中心线，单击线粗，单击默认（图 5-6-37）。

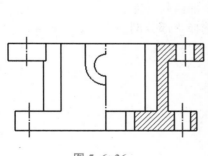

图 5-6-36

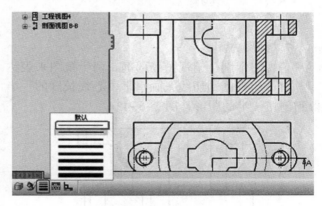

图 5-6-37

（8）绘制局部剖视图。执行"断开的剖视图"命令（图 5-6-38）。在俯视图上绘制样条曲线（图 5-6-39）。深度，由箭头所指的线段的长度决定，或者输入具体数据，单击生成局部剖（图 5-6-40）。

断开的剖视图

图 5-6-38

（9）修整视图，选中"俯视图"，单击"消除隐藏线"。选中小圆，单击鼠标右键，隐藏边线。隐藏剖面 $A—A$。添加中心线。总体效果如图 5-6-41 所示。

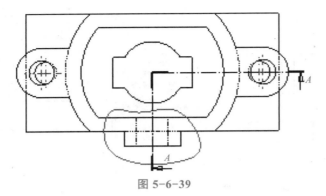

图 5-6-39

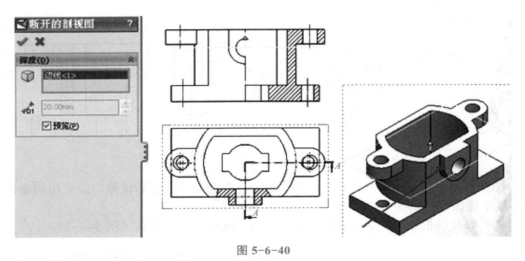

图 5-6-40

7. 视图方案 5

主视图半剖，俯视图局部剖，两个视图来表达。全部由软件完成。

（1）俯视图剖切线只画水平中心线长度的一半，选择"部分剖面"（图 5-6-42），得到剖切一半的图形（图 5-6-43）。

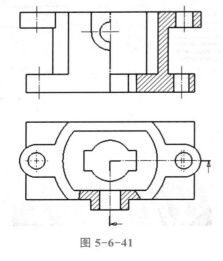

图 5-6-41

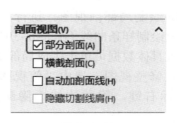

图 5-6-42

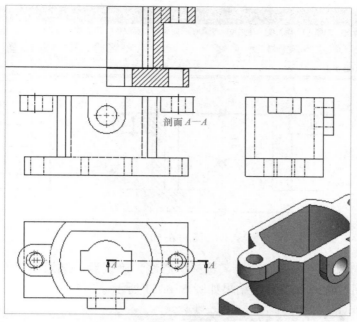

图 5-6-43

（2）用直线命令画矩形（图 5-6-44），执行"裁剪视图"命令（图 5-6-45）。确定后得到主视图的一半（框住的一半）（图 5-6-46）执行。

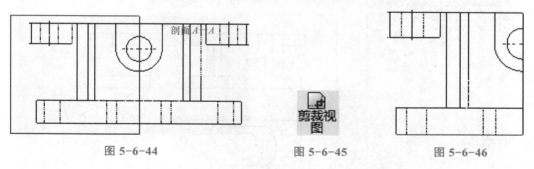

图 5-6-44　　　　　　　　图 5-6-45　　　　　　　　图 5-6-46

（3）将一半视图和半剖视图拖动合并在一起（图 5-6-47）。

（4）隐藏虚线如图 5-6-48 所示。最后将中间线改变为中心线，添加必要的线（如中心线）等，如图 5-6-49 所示。需要注意的是裁剪后的视图右边线（视图中间线）有时候变不成中心线，不能编辑。如果有别的方法可以借用，是可行的。如将文件保存成 DWG 格式文件，用 CAD 打开（图 5-6-50）。

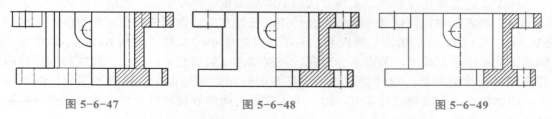

图 5-6-47　　　　　　　　图 5-6-48　　　　　　　　图 5-6-49

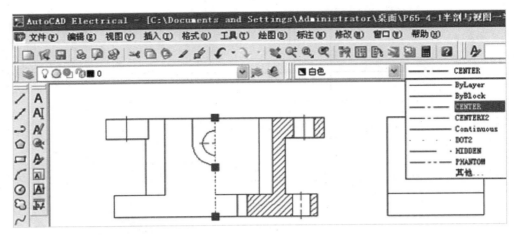

图 5-6-50

单击该线，执行"线型"命令，选择中心线，确认后，结果如图 5-6-49 所示。另存文件，然后用 SW2016 打开，结果如图 5-6-51 所示。

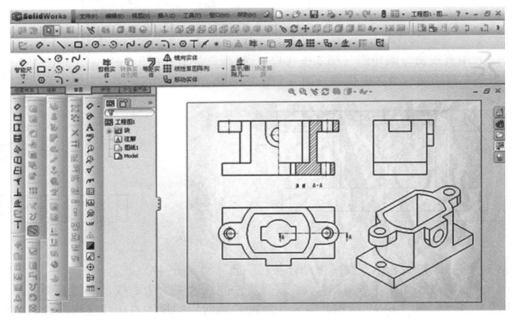

图 5-6-51

一个表达方案往往有多个实现方法，不能局限在一种方法中，思路要开阔。

在生产实际中往往用几个软件结合使用，长处互补，作图速度会加快很多，如利用 SW 形成立体图，然后形成三视图和轴测图，保存成 dwg 文件，再用 Auto CAD 打开，轴测图就不用重新画了，节省不少时间，三视图的框架都有了，改变少数线段就能画出符合国家标准的图纸，这样完成同一个任务的时间就缩短很多。熟悉不同软件的不同人，团结协作也会加快设计速度，但一个人掌握不同的软件进行设计，本身在设计的同时就会无缝协作，效果会更好。这一点在实际工作中会体会得更深。

8．视图方案 6

（1）形成三视图，如图 5-6-52 所示，主视图与俯视图之间尽量拉大距离。在俯视图绘制三段正交线段，执行 ⬚ 剖面视图 命令，出现半剖视图，在空白处单击确定视图位置（图 5-6-53）。

（2）修改线型，单击中心位置的两条竖直直线，即圆孔上边、下边的两条线段，利用 ▨ 命令，将其改为中心线，如图 5-6-54 所示。

（3）利用"草图"中的"中心线"命令 ⬚ ▤ 和"线粗""线色"命令，绘制红色中心线，线粗为 0.18，如图 5-6-55 所示。

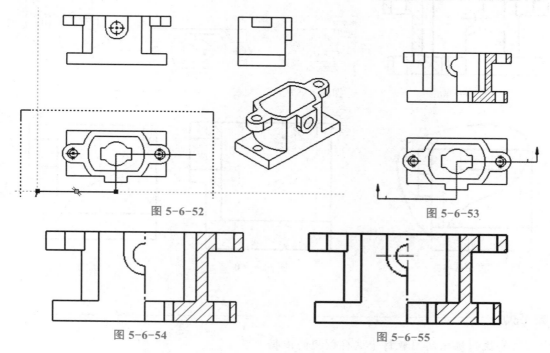

图 5-6-52　　　　　　　　　　　　　　　图 5-6-53

图 5-6-54　　　　　　　　　　　　　　　图 5-6-55

（4）去掉切边，添加中心线。结果如图 5-6-56 所示。可以看出这个方法比较快速。

（5）左视图局部剖，执行"视图布局"中的"断开的剖视图"命令，在左视图要剖开的位置绘制封闭曲线，在随后出现的对话框中，输入数据 86，勾选"预览"（图 5-6-57），出现图 5-6-58 的情况。

⌨ **说明**

　　86 的由来，140/2+16=70+16=86，从图形的最左端开始到中心点的距离。如果是俯视图的局部剖，数据是从实体的最上端到剖切面位置的距离，掌握这个规律，以后做局部剖视图就快了。

（6）改变剖切范围。后退一步，回到封闭曲线一步，改变曲线范围（图 5-6-59），在编辑曲线的状态下，执行断开的剖视图命令，在对话框中输入 86，选择"预览"，出现图 5-6-60 的结果。

确认后，隐藏虚线，添加中心线。结果如图 5-6-61 所示。

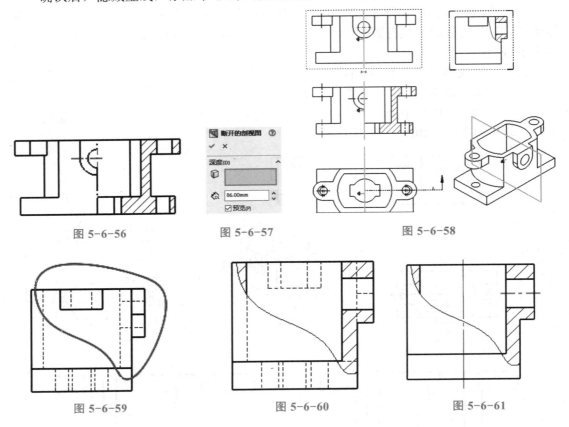

图 5-6-56   图 5-6-57   图 5-6-58

图 5-6-59   图 5-6-60   图 5-6-61

⌨ **说明**

要找到机械制图教材中这样剖视的依据。

解除左视图的对齐关系，拖动到剖视图主视图右边，底边线对齐。

总体结果如图 5-6-62 所示。

还可以保存成 dwg 文件，用 AutoCAD 修改成符合标准的文件图形。

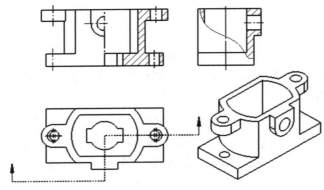

图 5-6-62

总结

　　从以上的过程和结果来看，用软件来制作几种可能的表达方案是很合适的，特别是在没有先例的情况下，没人帮助时，可以试着采用不同的方法，把各种方案，进行对比，采用最合适、图形最少、能完整表达零件结构的图形作为最优方案。这个过程会复习思考几种方案中用到的机械制图知识，加深理解和应用。

　　以后的 SW 版本，会提供更方便的作图条件，更快速、更稳定。但对于初学者来说，不要过于追求新版本，掌握技能后再过渡到新版本中也不迟，毕竟能用软件做到什么程度是本事，不是在于用什么做的。

【创新导航】

　　以上多种表达方案的设计就是创新了，如果第一种是原始做法的话，其余 5 种都是创新做法。如果喜欢其中的一个表达方法，那么其他的表达方法就是新东西，要努力去学会。

　　表达方法的多样化，目的是告诉大家，不要仅仅拘泥于一种方法，只要能表达清楚结构，不漏就是一种好方案，在几种方案中选择更符合国家标准的方案。

　　工作中那些容易出错的地方要优先表达清楚，然后配合其他方法，应以工作使用少出错为目标。

　　以上的表达方案，仅仅考虑了平面图，如果加上轴测图及各种向视图等立体结构，平面图的主要目的就是尺寸、技术要求等方面的内容了。

　　项目五本身的创新改进做好了，我们还要联系以前的知识点，别忘了前面学过的技能的复习巩固。将我们的内循环范围加大，我们特地再做个创新的例子。

　　杯子盖的设计过程如下。

1．中心部件制作

　　（1）在上视基准面画草图，宽度 48，直径 80，拉伸凸台 5 毫米以内，然后做圆筒，内径 38，外径 42，拉伸深度 40（图 5-6-63）。

　　（2）按照图 5-6-64 的尺寸形成凸台，如图 5-6-65 所示。然后切去非圆部分（图 5-6-66）。

图 5-6-63

　　（3）镜像。

　　（4）将中间凸台修整（图 5-6-67）。

　　（5）保存文件。

2．外围卡扣件制作

　　制作圆环，内径比件 1 外径大，如选取直径 43.5，外径选取 51.5，在圆环上制作宽度 3 毫米、高度 3 毫米的凸台，然后制作缺口，宽度 10 毫米，外径在圆环居中（图 5-6-68）。

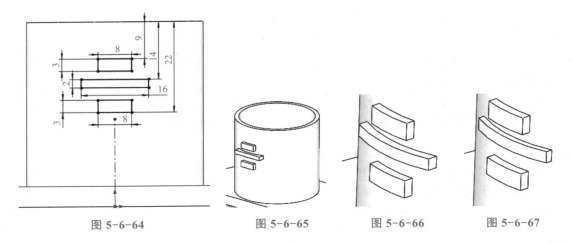

图 5-6-64　　　　　　图 5-6-65　　　　　图 5-6-66　　　　　图 5-6-67

图 5-6-69 所示图形下面一个小凸起的缺口是为了让中心件 1 顺利通过，凸台部位对准缺口，还略有间隙。穿过缺口后转动 45°，就到了圆环凸台被挡住的位置，然后圆环内部的卡扣（凸起）对准圆筒外径上的凸台，两个小凸起无间隙对正，卡住中心件不动（图 5-6-70）。

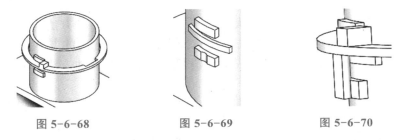

图 5-6-68　　　　　　　图 5-6-69　　　　　　　图 5-6-70

利用"旋转凸台"命令形成图 5-6-71 的结构，最外面的薄壁台阶恰好盖在杯子顶端，最高凸起薄壁恰好放入杯子里面，高度挡住杯子出水嘴全部空隙，并留有 5 毫米左右的余量。

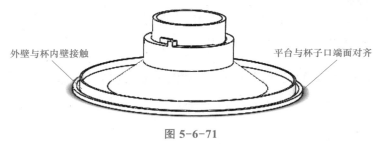

外壁与杯内壁接触　　　　　　　　　　　　　平台与杯子口端面对齐

图 5-6-71

杯子外壁上端也有一个类似图 5-6-69 的定位凸起，用在中心线上的矩形来表示（图 5-6-72），加入实际的结构如图 5-6-73 所示，那么杯盖上要有对应的结构，与其表面接触最后对中、稳定固定，具体结构可能是图 5-6-74，然后开个小窗口，便于观察对正情况（图 5-6-75）。

实际的结构肯定要好于这里的结构，这里在于指出思路来，便于开始创新思考时有个入手点。

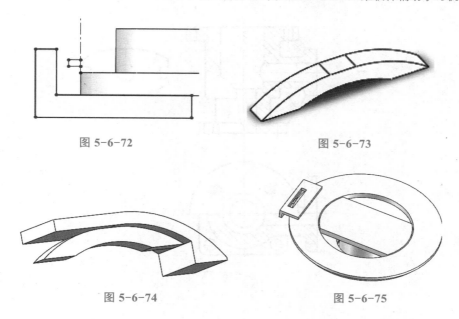

图 5-6-72　　　　　　　　　　　图 5-6-73

图 5-6-74　　　　　　　　　　　图 5-6-75

项目检测

1．通过本项目，你掌握了哪些机件表达方法？对机械制图的相关内容加深理解了多少？

2．如果不看课本的说明，你能独立做出这些任务吗？如果不能，应该再做一做。

3．把你以前做过的机械制图习题集上有关机件表达方法的作业用 SW 再做一遍，与手工绘图对比看看，有什么不同，有什么收获。

4．根据图 5-6-76 的立体图和表达方案，建立三维模型，并形成图 5-6-77 的表达方法。

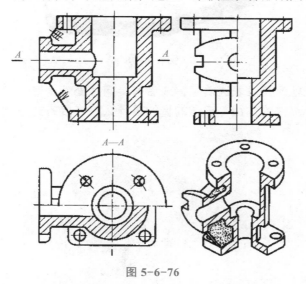

图 5-6-76

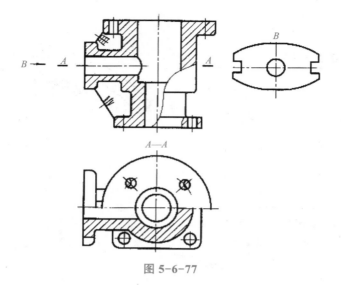

图 5-6-77

提示：

（1）筋板纵向剖切时不画剖面线。

（2）图 5-6-76 中三个视图给人整体感较强。

（3）图 5-6-77 所示图中简洁，绘图方便。

（4）大范围的局部剖可以代替全剖，但更适合内部结构的中心线位置有棱线的情况。也就是说内腔中心线位置有沟槽时或者内腔是四边形或菱形，交线在中心线位置时，必须用局部剖视而不能半剖。

（5）最上部的法兰盘可否不是圆形而是类似两端带孔的图 5-6-78 的形状？（尺寸不同）

图 5-6-78

（6）考虑哪些地方还没表达清楚，或者有疑问之处就是要改进之处。

（7）考虑整个部件的作用，三通的目的是什么？连接方式是什么？

项目 6　零件图立体制作

【项目简介】

　　本项目是本书的重点之一，用四个大任务，对应着四大类零件，详细说明 SW 三维软件在零件图方面的具体制作方法、技巧，是对掌握了基本指令、基本体制作后的继续提高和灵活运用。为了降低学习的难度，操作步骤尽可能详尽。有些熟悉的地方可以跳过去，如简单的圆柱等，以便集中精力学习新的操作如螺纹的制作等。

【项目目标】

1．看懂零件图，想象出立体结构。
2．灵活运用基本造型技巧，创建基准面，做出常见的实体结构。
3．学会螺旋线制作，学习查阅机械制图附录表格制作粗牙普通螺纹结构。
4．学会有引导线的放样操作。
5．看懂各种表达方法，明白其作用，整体想象出零件结构并正确作图。
6．学习利用异形孔向导命令制作普通螺纹孔和锥螺纹孔的造型方法。

【项目准备】

　　1．零件图的分类。零件图一般分为轴套类、轮盘盖类、叉架类和箱体类。
　　2．零件图的内容包括标题栏、一组视图、完整的尺寸和技术要求。这里的视图包括基本视图、剖视图、向视图、断面图、局部放大图等。
　　3．零件图的看图方法，跟组合体看图方法基本一致，主要看标题栏、技术要求、基准、结构。本项目主要关注零件的结构，对于公差、表面粗糙度等要求不高。所以，形体分析法看图的基本技能还是需要多次运用。
　　4．零件的作用，为看懂装配图打基础。

【项目导航】

　　零件，即基础部件，用"零"来表示部件的基础性、渺小性，这个渺小是相对于装配图的大作用、大功能用途而言的。

　　一个零件坏了，整个装配体就不能工作了，作用是"零"了。所以，要保证零件不为"零"，就要明白零件的作用，使其作用发挥时可靠长久，明白了作用，就会改进结构，及其邻近结构，配合结构工作稳定。从功能出发的改进是最直接有力的创新，也为维修量的减少从源头上做了准备。

 【项目创新】

　　零件是构成装配体的基础部件，零件的创新一般要跟装配结合起来，首先要明白这个零件的作用，根据作用和使用中出现的弱项来有针对性地改进。但零件图也有其自身的一些特点。如轴类零件图的特征结构，倒角、轴肩，盘盖类零件均布孔的数量，螺纹孔的大小，箱体类零件的壁厚均匀等细节都可以适当变化、改进，要找到创新的灵感，需要复习基础知识！根据容易加工的方便性改进某处结构，如退刀槽的尺寸、圆角大小等。

任务 6.1　轴套类零件造型

■【任务描述】

　　看懂图 6-1-1 并建模。

■【任务分析】

　　拿到任务，需要下功夫看懂图纸，看图读图能力是基本功！学生分组讨论能快一些。建模可以从最左端开始，也可以从最大端面开始，最后的结果都是一样的。倒角可以暂时不管，最后再一起处理。难点有几个地方：

　　（1）中心孔，开始时不管，整体结构出来后再制作也可以。

　　（2）键槽的尺寸，可以是圆头键槽也可以是方头键槽，先选择一种制作，切除键槽时的基准面是有两种选择的：一是键槽底部，二是键槽圆柱面顶端，还有一个是悬空，都可以做出来。会了键槽的制作，对于理解小孔的制作很有帮助。

　　（3）右边断面图对应的结构要看懂。

　　（4）退刀槽的制作。

轴类零件造型
视频（1）

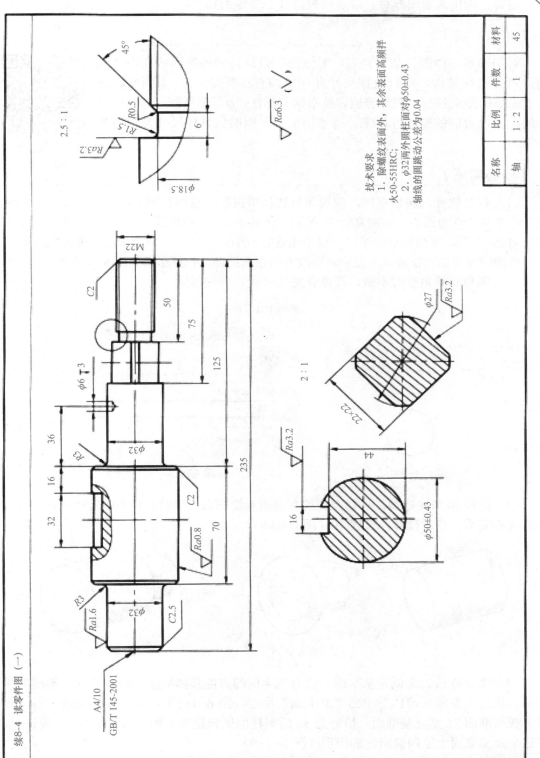

续8-4 读零件图（一）

技术要求
1. 除螺纹表面外，其余表面高频淬
火50-55HRC；
2. φ32两外圆柱面对φ50±0.43
轴线的圆跳动公差为0.04

名称	轴	材料	45
比例	1:2	件数	1

图6-1-1

（5）螺纹的制作。

需要查阅机械制图教材，或者机械设计手册等工具书。

▌【知识准备】

对于轴类零件图，从左到右，看懂每一段结构的外部形状和内部结构，对于圆柱结构，可以根据尺寸标注中的直径符号"ϕ"来判断，或者根据断面图来判断。粗牙普通螺纹根据其标注"ϕ"来判断，有其他符号的，找出对应的螺纹性质来。每个结构都要搞明白具体尺寸要做适当计算。

轴类零件造型
视频（2）

▌【任务实施】

（1）打开软件，新建零件，应用布景选择单白色，选择右视基准面。单击"草图绘制"，选择原点为圆心，绘制直径32的圆（图6-1-2）。拉伸成实体，深度由软件计算："235-125-70"，单位默认毫米，可以不用管它（图6-1-3）。拉伸完毕后，单击"前视"，观察拉伸的方向是否正确。不正确时更改方向重新拉伸。拉伸结果如图6-1-4所示。

（2）倒角和圆角暂时不做，等放在主体完成后再一起做。

图 6-1-2   图 6-1-3

（3）直径50圆柱造型。选择圆柱的右端面为绘图面，绘制直径50的圆（图6-1-5），注意同心关系。然后拉伸，长度70（图6-1-6）。

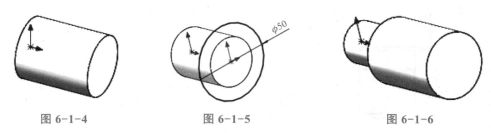

图 6-1-4   图 6-1-5   图 6-1-6

（4）生成键槽。先创建基准面，注意基准面的高度具体数值，将来要确定键槽的深度用。执行"参考几何体"中的"基准面"命令（图6-1-7），点开零件前的三角，距离上视基准面25建立基准面，恰好是50的圆柱的回转轮廓上面（图6-1-8）。确认后，在这个新基准面上绘制键槽轮廓图形（图6-1-9）。

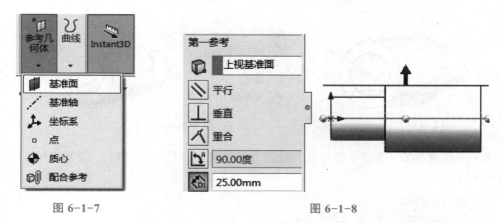

图 6-1-7　　　　　　　　　　　　　图 6-1-8

图 6-1-9

拉伸切除 50-44=6，注意在轴测图方向观察切除的方向，注意箭头所示（图 6-1-10）。如果方向反了，单击"反侧切除"。结果如图 6-1-11 所示。

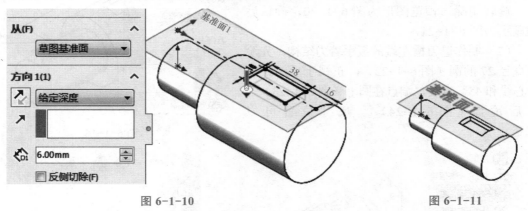

图 6-1-10　　　　　　　　　　　图 6-1-11

隐藏基准面，如图 6-1-12 所示。

（5）形成 32 的圆柱，先在右端面绘制直径 32 的圆（图 6-1-12），然后拉伸，长度 50（图 6-1-13）。

📖 提示

保存文件。

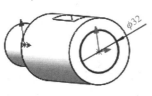

图 6-1-12

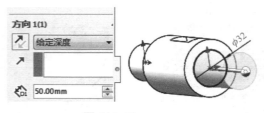

图 6-1-13

（6）制作直径 6、深度 3 的小孔。单击"基准面 1"（图 6-1-14），绘制直径 6 的小圆（图 6-1-15）。

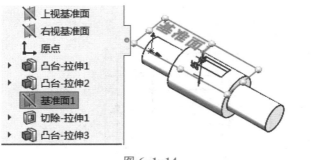

图 6-1-14

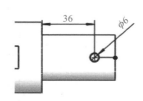

图 6-1-15

拉伸切除，深度 3+（50-32）/2=12。注意体会深度值的来历（图 6-1-16）。

制作孔的下锥端：单击前视基准面（图 6-1-17），单击"隐藏线可见"（图 6-1-18），单击"正视于"，绘制如图 6-1-19 所示的图形。

旋转切除，预览图形为图 6-1-20，确认后的显示为图 6-1-21。

（7）制作退刀槽左端的扳手着力结构。先绘制直径 27 的圆（图 6-1-22），正视于后，绘制中心线和 45°直线，端点在圆上（图 6-1-23），然后镜像（图 6-1-24）。尺寸位置可以改变。

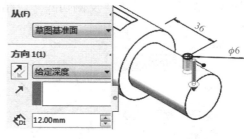

图 6-1-16

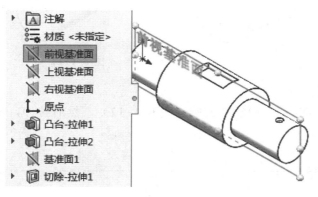

图 6-1-17

图 6-1-18

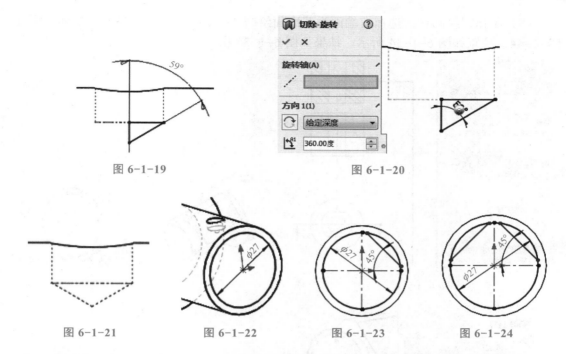

图 6-1-19   图 6-1-20

图 6-1-21   图 6-1-22   图 6-1-23   图 6-1-24

再次镜像（图 6-1-25）。标注尺寸 22（图 6-1-26）。裁剪多余的圆弧（图 6-1-27）。裁剪后如果丢掉了几何关系线段变蓝色，可以标注另一尺寸 22。看到颜色变黑（图 6-1-28）。如果几何关系没有改变，添加尺寸后，会有提示，设定为从动尺寸即可。

拉伸成实体，深度 75-50=25。预览如图 6-1-29 所示，结果如图 6-1-30 所示。

（8）制作退刀槽，选择图 6-1-30 所示右端面为基准面，绘制 18.5 的圆，拉伸 6 毫米深（图 6-1-31、图 6-1-32）。

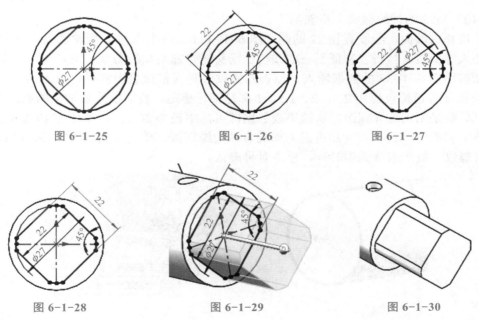

图 6-1-25   图 6-1-26   图 6-1-27

图 6-1-28   图 6-1-29   图 6-1-30

（9）制作螺纹圆柱。选择右端面为基准面绘制 22 的圆（图 6-1-33）。拉伸，深度 50-6=44。预览如图 6-1-34 所示，结果如图 6-1-35 所示。

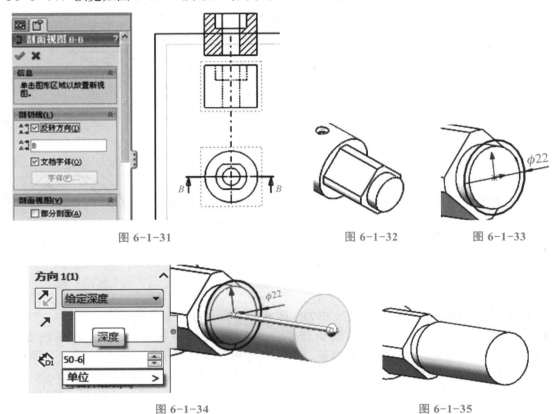

图 6-1-31   图 6-1-32   图 6-1-33

图 6-1-34   图 6-1-35

（10）M22 的螺纹做法。步骤如下。

①选择右端面，绘制直径 22 的圆（图 6-1-36）。不标尺寸，跟轮廓圆一样大。

插入螺旋线。执行"特征"→曲线栏的箭头→"螺旋线"命令（图 6-1-37）。

②按照图 6-1-38 的数据输入。经查阅螺纹资料（机械制图教材附录表格），知道 M22 的粗牙普通螺纹螺距 2.5，2、1.5、1 都是细牙螺距，我们按照最常见的螺距 2.5 制作。以后要是用到细牙螺距，从这里改数据即可，中径为 20.376，小径为 19.294。这里的圈数实验确定，只要长度超过退刀槽的右端边缘即可。单击反向，顺时针逆时针都可以形成螺纹，按照默认的顺时针，单击对号确认。

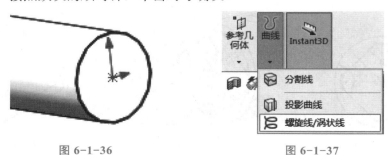

图 6-1-36   图 6-1-37

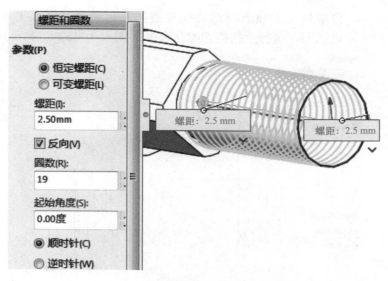

图 6-1-38

③绘制三角形切除截面。单击"上视基准面"（图 6-1-39）。单击"草图绘制"，绘制等腰三角形，标注尺寸（图 6-1-40）。8.91 是软件初始数据，是暂时的，最后以计算数据为准。

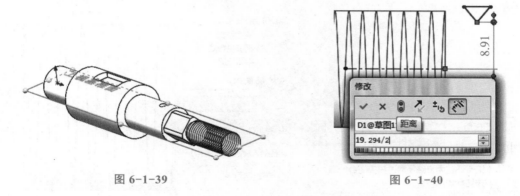

图 6-1-39　　　　　　　　　　　　　　图 6-1-40

④添加共线几何关系，使得三角形上端水平线与螺旋线圆柱（直径 22）轮廓线重合（图 6-1-41），结果如图 6-1-42 所示。

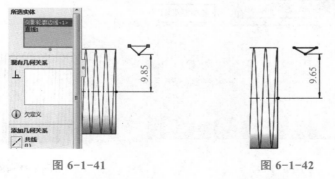

图 6-1-41　　　　　　　　图 6-1-42

⑤标注 60°，再添加左上顶点与螺旋线穿透的几何关系（图 6-1-43）。结果如图 6-1-44 所示。退出草图，执行"扫描切除"命令（图 6-1-45）。弹出对话框。

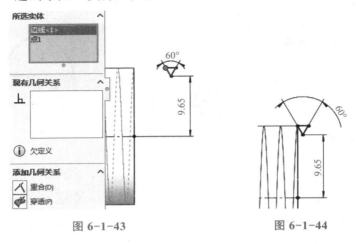

图 6-1-43　　　　　　　　　　图 6-1-44

⑥单击三角形为扫描切除轮廓，路径为螺旋线（图 6-1-46）。出现预览，如图 6-1-47 所示。确认后结果如图 6-1-48 所示。

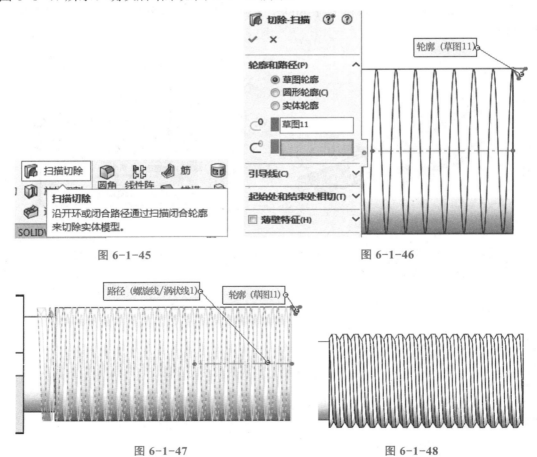

图 6-1-45　　　　　　　　　　图 6-1-46

图 6-1-47　　　　　　　　　　图 6-1-48

（11）倒角。执行"倒角"命令（图6-1-49），单击要倒角的边线，在对话框中输入倒角数据，确认即可。左端倒角C2.5（图6-1-50），键槽圆柱两端倒角C2（图6-1-51）。退刀槽倒角（22−18.5）/2=3.5/2=1.75。退刀槽倒角做法较特殊。具体做法：选择前视基准面，绘制三角形（图6-1-52），绘制中心线，旋转切除（图6-1-53），结果如图6-1-54所示。

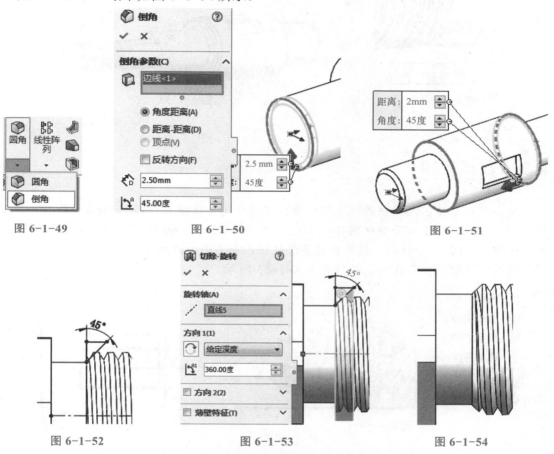

图 6-1-49　　　　　　图 6-1-50　　　　　　图 6-1-51

图 6-1-52　　　　　　图 6-1-53　　　　　　图 6-1-54

（12）圆角。执行"圆角"命令，单击圆角处的边线，输入数据，确认。键槽所在圆柱 R3（图6-1-55）；螺纹左端与所在圆柱为 R0.5（图6-1-56）。退刀槽左端为 R1.5（图6-1-57）。

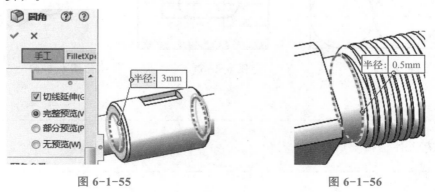

图 6-1-55　　　　　　　　　图 6-1-56

（13）确认后完成造型，然后保存文件，如图 6-1-58 所示。

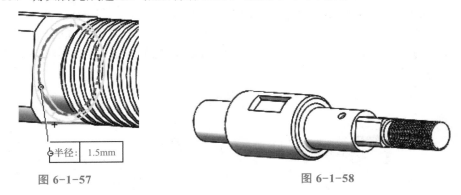

半径： 1.5mm

图 6-1-57   图 6-1-58

 【改进结构】

单击鼠标右键，在弹出的快捷菜单中执行特征树中键槽对应的"切除-拉伸1"→"编辑草图"→"正视于"命令（图 6-1-59），结果如图 6-1-60 所示。绘制两个与矩形边线相切的圆（图 6-1-61），然后裁剪多余线段，加上必要的尺寸（图 6-1-62）。

执行"重建模型"命令，结果如图 6-1-63 所示。

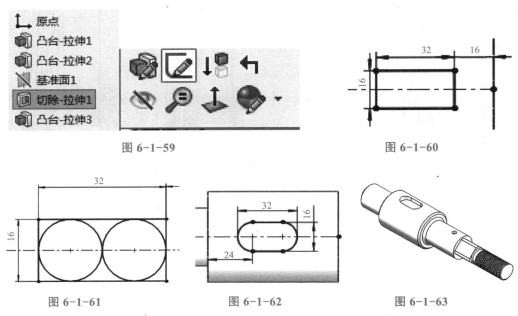

图 6-1-59   图 6-1-60

图 6-1-61   图 6-1-62   图 6-1-63

💻提示

保存文件。

说明

　　修改原来的设计，是经常要用到的操作，要学会熟练操作。建议在改进前后分别保存文件，以备再用。螺纹最右端的倒角是C2，自行添加，这个倒角是必须有的，否则装配时不方便，容易伤手。倒角起到导向的作用。

【创新制作】

　　将M22改为M20，再将到凸台拉伸6前的特征都删除，方法是单击鼠标右键，在弹出的快捷菜单中执行"特征"→"删除"命令（图6-1-64、图6-1-65），直到回到螺旋线依存的直径22的凸台。

图 6-1-64

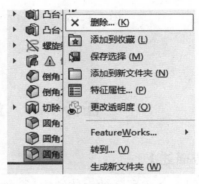

图 6-1-65

　　单击鼠标右键，在弹出的快捷菜单中执行"特征"→"编辑草图"命令，将直径22改为20，单击"重建模型"（图6-1-66）。

　　单击凸台右端面，执行"草图绘制"→"端面圆边线"→"转换实体引用"命令（图6-1-67），出现直径20的圆（图6-1-68）。

图 6-1-66　　　　　　图 6-1-67　　　　　　图 6-1-68

　　螺旋参数改为高度和螺距，高度50-6/2=47，螺距还是2.5，如图6-1-69所示。

　　在前视基准面绘制等边三角形，距离中心线距离17.294/2=8.647，三角形左上顶点穿透螺旋线（图6-1-70）。退出草图，执行"特征"→"扫描切除"命令，做完后就是M20了（图6-1-71）。

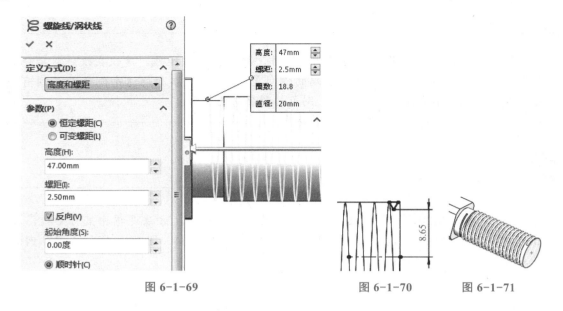

图 6-1-69　　　　　　　　　　　图 6-1-70　　　图 6-1-71

任务 6.2　盘盖类零件造型

■【任务描述】

制作图 6-2-1 所示的立体结构。

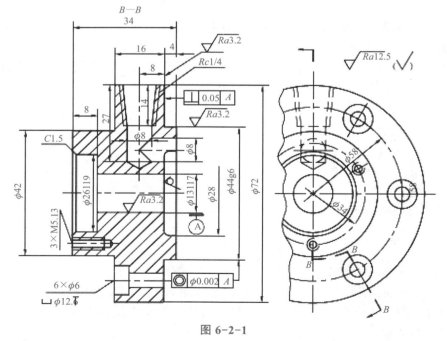

图 6-2-1

▌【任务分析】

这类零件一般是以圆柱为基本体旋转而成的，所以机体可以用旋转命令做出来。也可以用多次拉伸凸台组合而成，最终的结果一样即可。主视图是旋转剖视，为了不出错，要在作图之前学习、复习相关知识。在结构看懂的情况下，决定造型的顺序。根据标注，计算出或者查出来相关尺寸，有时候需要相关联的尺寸要互相印证一下，定出每一个要做的基本部件的定位定形尺寸来。需要的但原图纸上没有的尺寸，可以计算出在图纸上用铅笔标出来。对于形位公差标注可以暂时不管。

▌【任务实施】

作图步骤如下：

（1）选择前视基准面，绘制图形，如图 6-2-2 所示。目的是沿着水平轴线旋转。

（2）利用"旋转凸台"命令，单击中间封闭轮廓，形成实体（图 6-2-3）。

⌨ 提示

如果发现基准面选择错误但草图没错，可以单击特征，找到草图，利用编辑中的复制功能复制，然后单击正确的基准面，用编辑功能粘贴到新基准面上，移动实体到原点位置，隐藏前面已经做出的旋转特征后再旋转实体。将以前做出的多余的实体删除。

（3）在前视基准面上绘制草图（图 6-2-4），然后旋转切除，结果如图 6-2-5 所示。

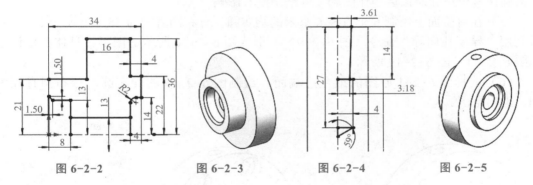

图 6-2-2　　　　　图 6-2-3　　　　　图 6-2-4　　　　　图 6-2-5

⌨ 说明

公制螺纹用螺距来表示，美英制螺纹用每英寸内的螺纹牙数来表示；公制螺纹是 60° 等边牙型，英制螺纹是等腰 55° 牙型，美制螺纹为等边 60° 牙型；公制螺纹用公制单位（如 mm），美英制螺纹用英制单位（如英寸）。

"行内人"通常用"分"来称呼螺纹尺寸，一英寸等于 8 分，1/4 英寸就是 2 分，以此类推。

ISO 标准内的英制管螺纹已转化为米制单位制。英制管螺纹的米制化方法非常简单，将原来管螺纹的英寸尺寸乘以 25.4 就转化为毫米尺寸。25.4/4=6.35。根据锥度的定义，列出下列公式（D-6.35）：14=1 ： 16，D=7.225。

（4）在实体右端面绘制图 6-2-6 所示草图。然后拉伸切除，深度为 8+4=12，结果如图 6-2-7 所示。

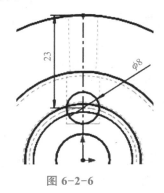 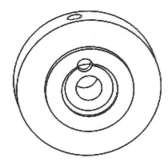

图 6-2-6   图 6-2-7

⌨说明

　　根据相贯线是直线时的情况，可以判断出，相关的两孔直径相等，所以孔中心离开上端的距离是 27-8/2=23。

　　在作图时要尽可能确认每个尺寸是唯一的尺寸，不要留下不完全定义的尺寸，除非可以确认这个尺寸对以后的作图和零件结构没有影响。

（5）在台阶面上绘制 6 个直径 6 毫米的均布圆，分布圆直径为 58（图 6-2-8）。然后利用"异型孔向导"命令（图 6-2-9），形成图 6-2-10 所示的图形。具体参数设定如图 6-2-11、图 6-2-12 所示。

（6）选择图 6-2-1 原图的最左边端面，绘制图 6-2-13 的均布圆，分布圆直径为 34。退出草图。

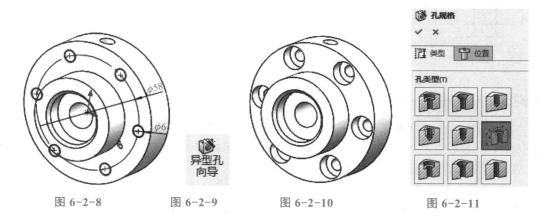

图 6-2-8   图 6-2-9   图 6-2-10   图 6-2-11

（7）执行"异型孔向导"命令，选择螺纹孔，按照图 6-2-14～图 6-2-16 设定参数，然后单击"位置"，单击图 6-2-13 中的三个圆心，确认即可，得到图 6-2-17 的图形。

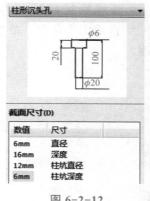

图 6-2-12

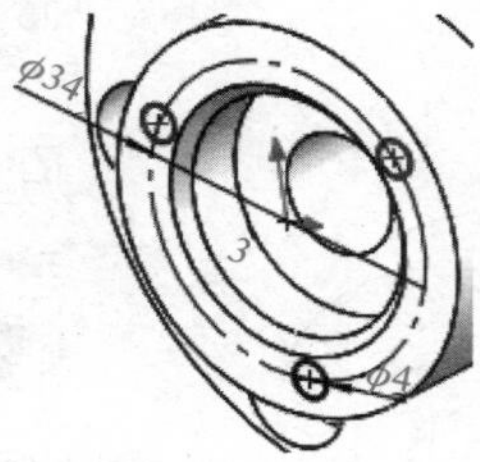

图 6-2-13

图 6-2-14

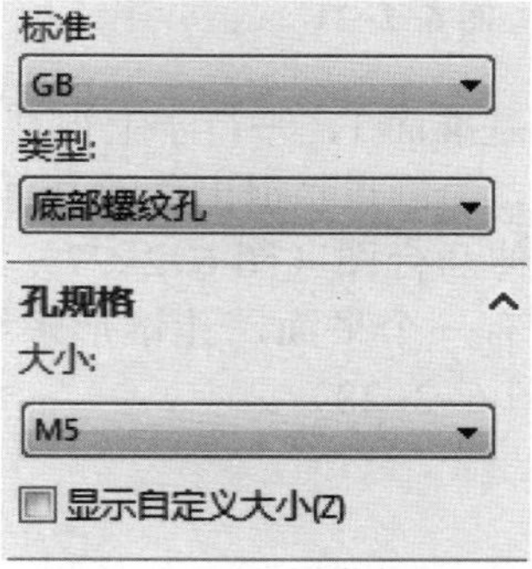

图 6-2-15

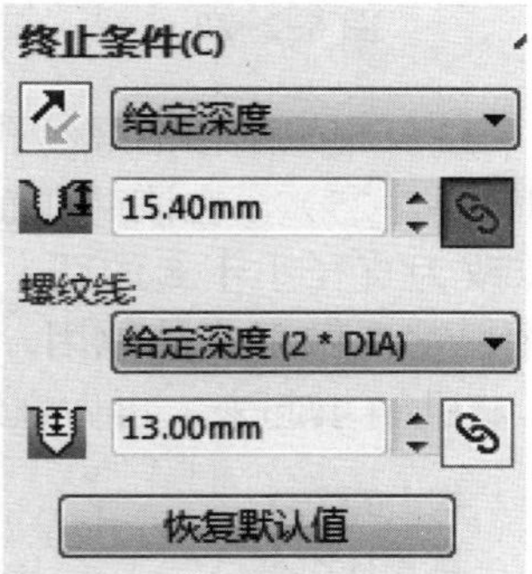

图 6-2-16

📖 **提示**

为了界面整洁，隐藏草图。

（8）创建基准面，平行于直径 72 的凸台端面，距离是 8 毫米，正好经过上端锥孔的中心（图 6-2-18）。

（9）在基准面上绘制点，该点经过大圆的最上点，与原点竖直，绘制时把虚线显示，如图 6-2-19 所示。立体观察效果为图 6-2-20 所示。

图 6-2-17

图 6-2-18

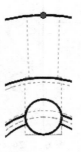

图 6-2-19

（10）退出草图。单击"异型孔向导"，选择锥形管螺纹，按照图 6-2-21～图 6-2-23 的参数进行设定，然后执行"位置"→"3D 草图"命令，单击刚才绘制的点，确认结果如图 6-2-24 所示。孔的方向不对，要改。

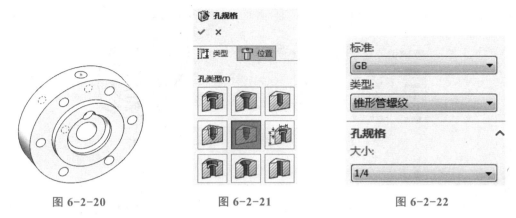

图 6-2-20   图 6-2-21   图 6-2-22

（11）删除刚才的螺纹孔、点、基准面 1，平行于上视基准面，距离 36，创建基准面 2（图 6-2-25），在该基准面上绘图，绘制点，退出草图，再做，还不行（图 6-2-26）。将点改为直径小于 8 的圆，然后拉伸凸台图（图 6-2-27），还不行。所以，经过几次试探，发现做不成的原因，在于没有一个平面，让锥形螺纹的轴线垂直于它，受此启发，将孔再填起来，再做螺纹孔（图 6-2-28）。

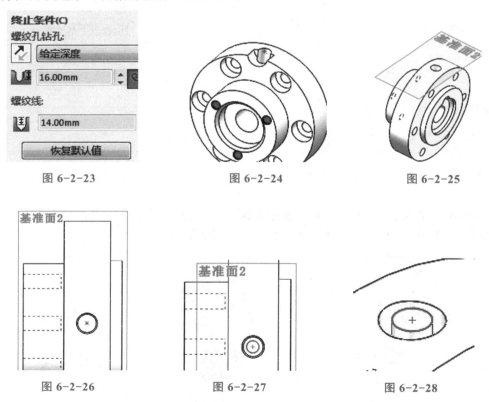

图 6-2-23   图 6-2-24   图 6-2-25

图 6-2-26   图 6-2-27   图 6-2-28

删除原来没用的特征。

（12）在前视基准面绘制（图 6-2-29），然后旋转凸台，结果如图 6-2-30 所示。

（13）重新按照"异型孔向导"，设定相同的参数，单击位置，然后单击刚刚形成的凸台，单击凸台的草图圆的圆心，出现图 6-2-31 所示的预览，确认后的结果如图 6-2-32 所示。

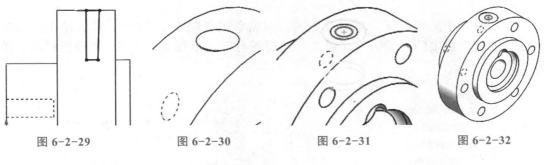

| 图 6-2-29 | 图 6-2-30 | 图 6-2-31 | 图 6-2-32 |

（14）保存文件。

【创新导航】

创新思考：螺纹孔最后做出来，比先做出来要好，节省操作步骤。

创新 1：将锥形螺纹镜像，一个零件上有两个部件同时起作用，或者一个部件损坏了，另一个顶上，不用再重新加工，减少误工损失。

直接镜像，发现做不成（图 6-2-33），总结原因还是没有平台，所以先镜像旋转特征形成平台，然后平面上画个草图小圆，然后用异形孔向导做出来。结果如图 6-2-34 所示。

行动是思维的验证，思维是理想化的行动，在具体做的时候会受到现实条件的局限，有的可能不能一步到位，那就需要一步一步做出来，只要目标实现了，就是成功。

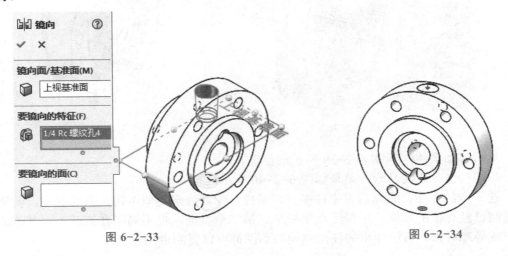

| 图 6-2-33 | 图 6-2-34 |

创新 2：学习将一个平面上的草图复制到另一个平面上，然后形成一个结构的多侧面应用，出现新结构，新结构又包含着旧结构，继承中有创新，创新中不忘初心。

比如，我们前面提到的在前视基准面做草图，结果误在右视基准面做了同样的草图，还做了旋转，成了结构。后面怎样回到我们设想的前视基准面上有同样的图形呢？我们做个具体的实例。结合具体现有方便条件，我们把前视基准面上的草图，复制到端面上来。

打开第一个旋转特征，单击其草图，编辑草图（图 6-2-35）。然后单击屏幕最上方"工具"栏中的"编辑"，单击"选择所有"，出现图 6-2-36 的预览提示。单击复制。

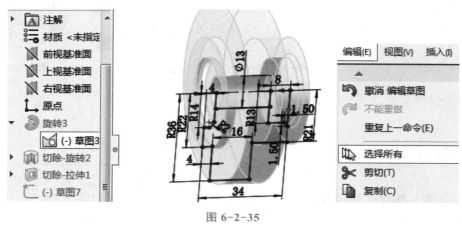

图 6-2-35

单击圆盘凸台最左边平面（图 6-2-37），执行"正视于"→"编辑"→"粘贴"命令，出现图 6-2-38 所示的界面，说明已经粘贴过来了。

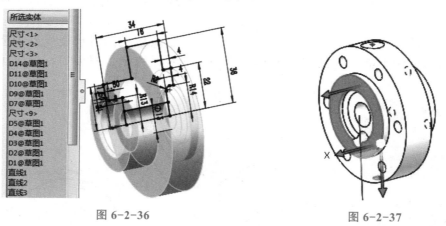

图 6-2-36   图 6-2-37

然后移动实体，到图 6-2-39 所示的位置。

单击特征，旋转凸台，结果如图 6-2-40 所示。

这一步的成功会为以后带来许多方便条件，出现许多类似结构。只要有心，就能随意复制已经有了的草图，不局限在第一个、第二个特征，也不局限在旋转上，其他的拉伸扫描等都可以，自己做出的任何结构的草图都可以复制借用。

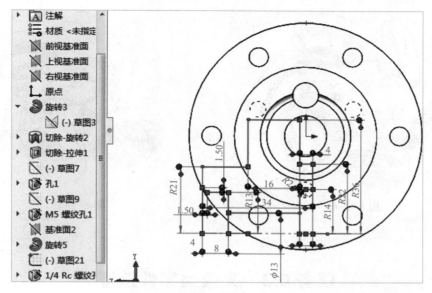

图 6-2-38

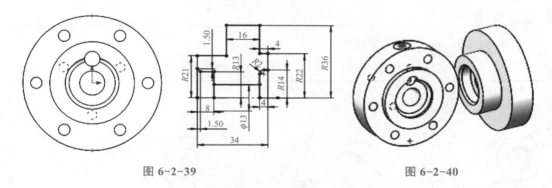

图 6-2-39　　　　　　　　　　　图 6-2-40

建立基准轴（图 6-2-41），镜像，结果如图 6-2-42 所示。还可以做出图 6-2-43
所示的图形来。

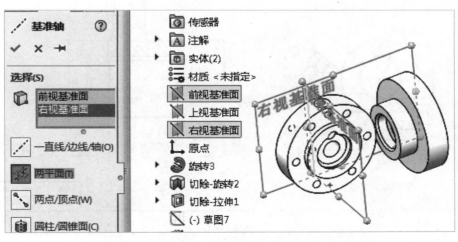

图 6-2-41

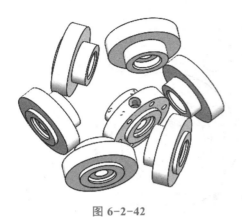

图 6-2-42　　　　　　　　　　　图 6-2-43

任务 6.3　叉架类零件造型

【任务描述】

绘制如图 6-3-1 所示的立体结构。

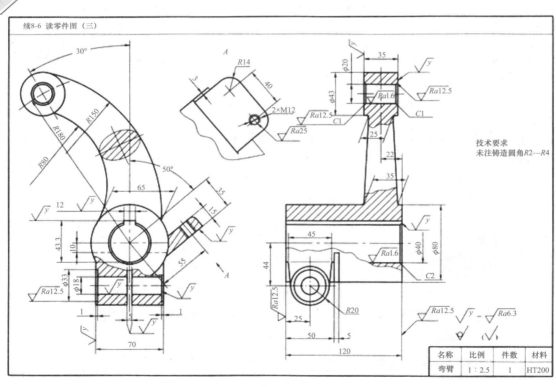

图 6-3-1

【任务分析】

叉架类零件造型较盘盖类零件复杂一些。需要在看图上多下功夫，在造型方面用到的技巧主要是放样凸台，在弯曲臂部分，要多次试验而成。

【知识准备】

（1）椭圆的画法。

（2）有两条引导线的放样。

【任务实施】

作图步骤如下：

（1）在前视基准面，绘制外径 80、内径 40 的圆，尺寸源于左视图（图 6-3-2），然后拉伸成圆柱体深度 120（图 6-3-3）。注意拉伸方向。

（2）绘制外径 45、内径 20 的圆（图 6-3-4），然后拉伸成圆柱体，拉伸成实体时注意等距的应用。等距距离为 4.5 毫米。22-35/2=4.5（图 6-3-5～图 6-3-7）。注意等距方向，做完后检查，再纠正也可以。

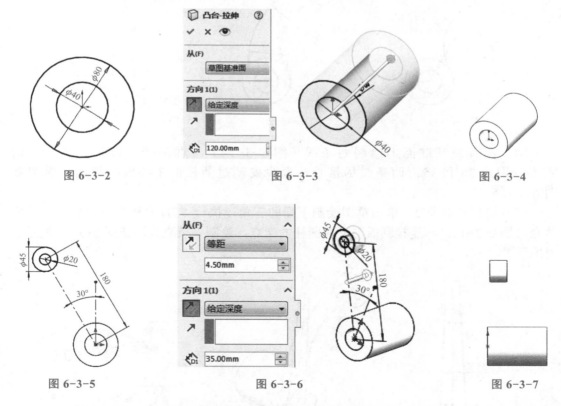

图 6-3-2　　　　　　　　图 6-3-3　　　　　　　　图 6-3-4

图 6-3-5　　　　　　　　图 6-3-6　　　　　　　　图 6-3-7

（3）创建基准面 1，在右视基准面绘制一条线，然后退出（图 6-3-8）。执行"参考几何体"→"基准面"命令。第一参考是前视基准面，也就是圆环面，第二参考是刚绘制的直线，确认（图 6-3-9、图 6-3-10）。

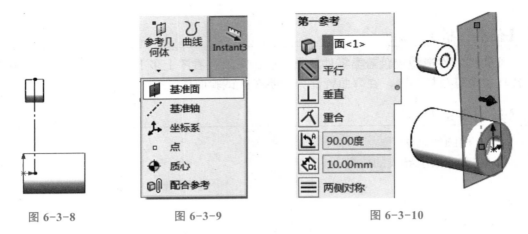

图 6-3-8   图 6-3-9   图 6-3-10

在基准面 1 上绘制 R80 的圆弧，注意切点和交点，然后退出（图 6-3-11）。

在基准面 1 上再画 R150 的圆弧，退出草图。将来作为放样引导线用（图 6-3-12）。退出草图后的状态变为灰色（图 6-3-13）。

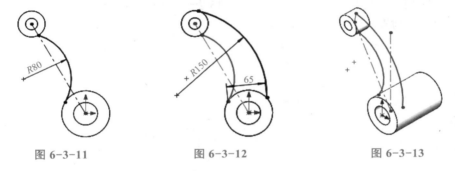

图 6-3-11   图 6-3-12   图 6-3-13

（4）在右视基准面上绘制两条线（图 6-3-14），两条线在圆柱轮廓线上的距离分别是 25 和 35。两条线尽量长，至少要超过圆柱的中心线。退出，结果如图 6-3-15。

（5）创建基准面 2。单击草图绘制下面的三角，执行"3D 草图"→"点击直线"命令（图 6-3-16），连接圆弧与下面圆柱的交点，绘制一条直线，如图 6-3-17 所示。退出草图。

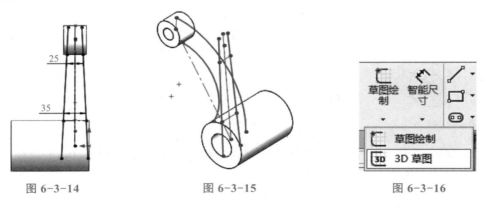

图 6-3-14   图 6-3-15   图 6-3-16

创建基准面，第一参考是圆环面，第二参考是刚绘制的直线（图 6-3-18）。

（6）在基准面 2 里经过直线的两个端点做椭圆，执行"草图绘制"→"椭圆"命令（图 6-3-19）。

第一次单击线段的中点，是椭圆的圆心，再单击线段的一个端点，椭圆的样子出来了，然后在右边竖直直线的里面单击（图 6-3-20）。

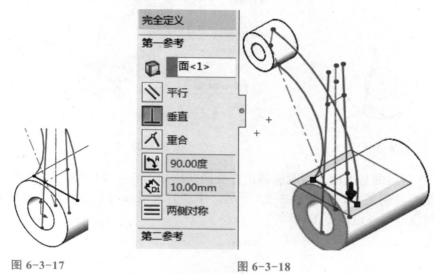

图 6-3-17　　　　　　　　　图 6-3-18

（7）按照图 6-3-21 的做法添加几何关系，让椭圆右边象限点与右边的直线相重合，直线画得足够长，结果可行。刚开始练习时可能会画得短，重合关系可能就建立不了。只能建立相切关系，因为在延长线上相切也是相切，不一定非要出现切点。退出草图。

（8）在基准面 1 绘制直线，连接 R150 的圆弧与 φ45 的切点、φ45 与 R180 的交点（图 6-3-22）。创建通过这条直线垂直于前视基准面的基准面 3（图 6-3-23）。退出草图。

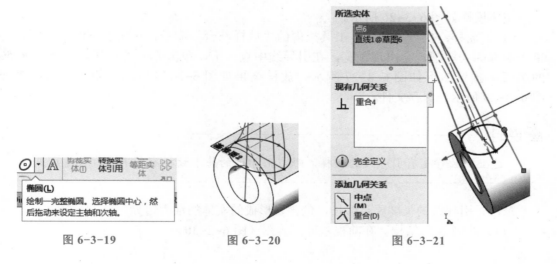

图 6-3-19　　　　　　　图 6-3-20　　　　　　　图 6-3-21

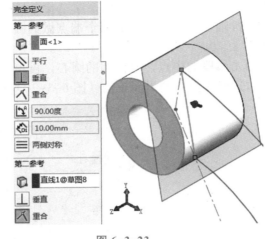

图 6-3-22   图 6-3-23

（9）在新建的基准面 3 绘制椭圆，方法同前，如图 6-3-24 所示；添加椭圆左象限点与直线重合几何关系，如图 6-3-25 所示，添加右象限点与右边的竖直直线相切也可以，只要对应即可；退出草图。

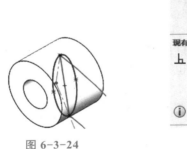

图 6-3-24   图 6-3-25

整体模样如图 6-3-26 所示。

（10）放样：执行"特征"工具栏内的"放样凸台"命令，单击上部的小椭圆，再单击下部的大椭圆，会出现预览，在引导线中点一下，单击 R80 的圆弧，再单击 R150 的圆弧，预览图形如图 6-3-27 所示。放样结果如图 6-3-28 所示。隐藏草图结果如图 6-3-29 所示，保存文件。

💬说明

这里的放样是有引导线的放样，跟以前学过的基本放样有所不同，注意区别。

反思：引导线的长度要足够长，包含要形成的实体的最大边界。

（11）绘制 A 向结构。在前视基准面绘图（图 6-2-30）。

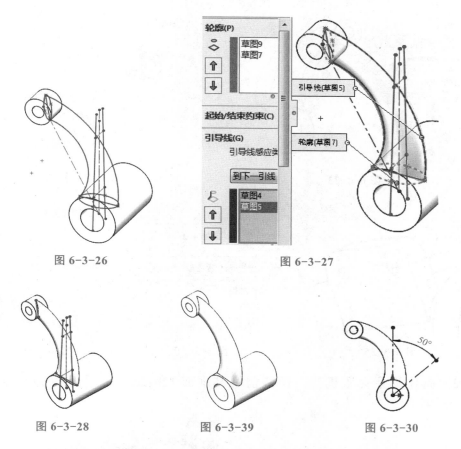

图 6-3-26　　　　　　　　　　　图 6-3-27

图 6-3-28　　　　　　图 6-3-39　　　　　　图 6-3-30

通过 50°斜中心线和垂直于前视基准面创建基准面（图 6-3-31）。

在刚刚创建的基准面上绘图：注意左边的直线不要超出圆柱左轮廓线（图 6-3-32），最好在实体材料中间，并考虑到下一步。然后拉伸，注意等距 20（图 6-3-33），注意旋转观察方向位置等正确性。结果如图 6-3-34 所示。

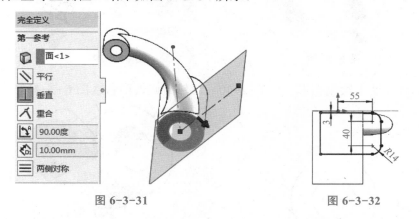

图 6-3-31　　　　　　　　　　　图 6-3-32

形成 M12 的螺纹孔。在安装板上绘制两个小圆，圆心跟 $R14$ 的圆弧同心，大小可以不一致（图 6-3-35）。退出草图。按照图 6-3-36 和图 6-3-37 所示设定参数。结果如图 6-3-38 所示。

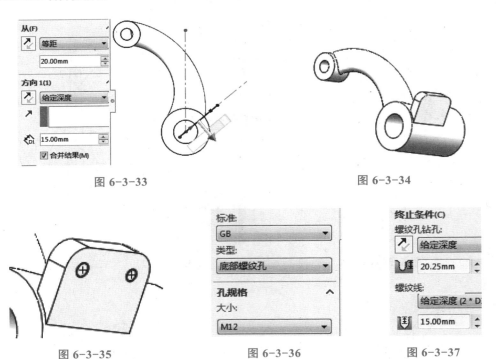

图 6-3-33   图 6-3-34

图 6-3-35   图 6-3-36   图 6-3-37

（12）制作耳朵夹紧机构。距离前视基准面 120-25=95（毫米）建立基准面 5（图 6-3-39）。

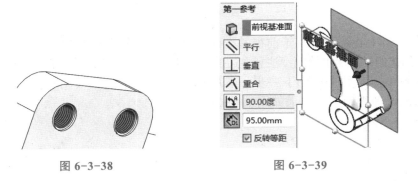

图 6-3-38   图 6-3-39

在新基准面 5 上绘制图形（图 6-3-40）。然后旋转凸台（图 6-3-41）。

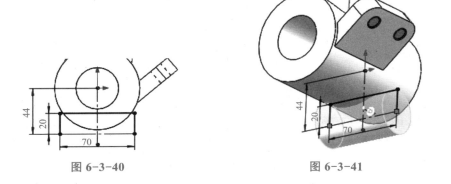

图 6-3-40   图 6-3-41

在圆柱的端面，绘制如图 6-3-42 所示的图形，圆柱内孔直径 40，半径是 20，21 是保证拉伸后不到孔内部，然后拉伸凸台，到右端面，结果如图 6-3-43 所示。

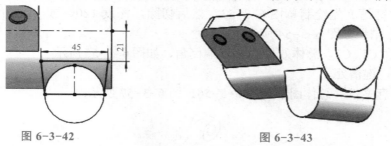

图 6-3-42   图 6-3-43

在右视基准面绘制如图 6-3-44 所示的图形，拉伸切除，一边深度是 40，另一边深度是 37，如图 6-3-45、图 6-3-46 所示。

图 6-3-44   图 6-3-45   图 6-3-46

形成直径 18 的孔，绘制直径 18 的圆，拉伸切除（图 6-3-47、图 6-3-48）。

在圆环面上绘制矩形，宽度 5，高度超过圆孔和实体界限即可。然后切除（图 6-3-49），切除结果如图 6-3-50 所示。

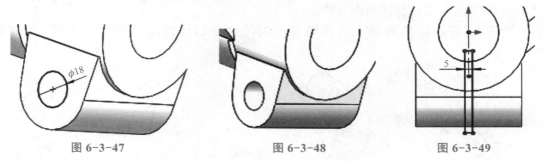

图 6-3-47   图 6-3-48   图 6-3-49

形成直径 33 的凹坑，在图 6-3-51 所示的平面上绘图，然后拉伸切除 1 毫米，结果如图 6-3-52 所示。

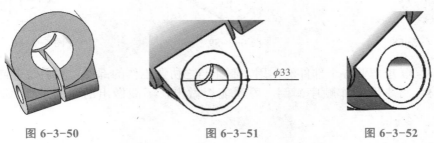

图 6-3-50   图 6-3-51   图 6-3-52

同样做另一侧。

（13）做键槽。先绘制草图 6-3-53，然后切除，深度 120，或者完全贯穿。结果如图 6-3-54 所示。

（14）倒角 C1、C2。总体效果：C1 双端倒角，如图 6-3-55 所示、C2 一端倒角，键槽处。

（15）保存文件。总体图形如图 6-3-56、图 6-3-57 所示。

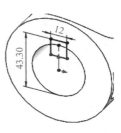

图 6-3-53

图 6-3-54

图 6-3-55

图 6-3-56

图 6-3-57

 【创新导航】

思路 1：改动零件中的某一个或某几个尺寸，形状不变，这叫改进。属于简单创新，创新的初级阶段。

思路 2：弯臂的方向改变，尺寸不变，这里给出两个图形，供参考，如图 6-3-58、图 6-3-59 所示。其他部件制作不赘述。

思路 3：在改动的基础上运用镜像阵列等命令制作较复杂图形，如图 6-3-60 所示。

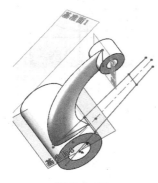

图 6-3-58

图 6-3-59

图 6-3-60

思路 4：联想弯臂各个部件的作用，制作与之协调工作的部件，然后改进创新。

思路 5：将本图制作顺序颠倒，看看能否做出，不能做出的原因是什么，找到后做出。

思路 6：将弯臂的制作方法用于吊钩弯曲部分的制作中，放样界面不少于 4 个。

思路 7：宽度为 5 的槽是为了夹紧用的，可否改为 6？

思路 8：弯臂放样时界面是圆，引导线与圆不相切可否放样？试验一下，亲自得出结论来最好。

思路 9：弯臂尺寸 R150，可否由两段圆弧相切而成，然后放样？

思路 10：弯臂尺寸 35、25，与什么尺寸有关系？其中一个改了如 25 改为 20，另一个尺寸怎样变动？

思路 11：图中两个角度之和为 80°，为什么不是 90°？改为 90° 可否造型？

思路 12：建模顺序从下往上做可否？

思路 13：假设弯臂固定架与盘类零件连接，弯臂上端孔与轴类零件连接，支撑起轴零件，怎样设计？

任务 6.4　箱体类零件造型

【任务描述】

制作如图 6-4-1 所示的立体结构。

【任务分析】

箱体类零件较多，视图也较多，4～6 个图形很常见，看图时仍然按照形体分析法来看懂结构，各个视图结合起来看，静下心来，逐步想出形状结构来，确定每个组成部分的定形定位尺寸，根据自底向上的顺序，逐步制作立体图形。必要时进行一些计算，箱体往往是铸铁材料，要注意壁厚均匀。

【知识准备】

（1）零件图的看图原则和顺序。

（2）各个视图表达的位置和结构。

（3）内腔结构的制作略有难度。

（4）仔细作图，需要耐心和协作。几个人讨论后可以将结果拼合，修正认识上的小错误。

【任务实施】

造型步骤如下：

（1）在上视基准面绘制如图 6-4-2 所示的草图，然后拉伸实体，深度 8，数据来自左视图，结果如图 6-4-3 所示。

（2）在实体上表面绘制直径 35 的圆，然后拉伸凸台，深度为 50-20-8=22（图 6-4-4）。

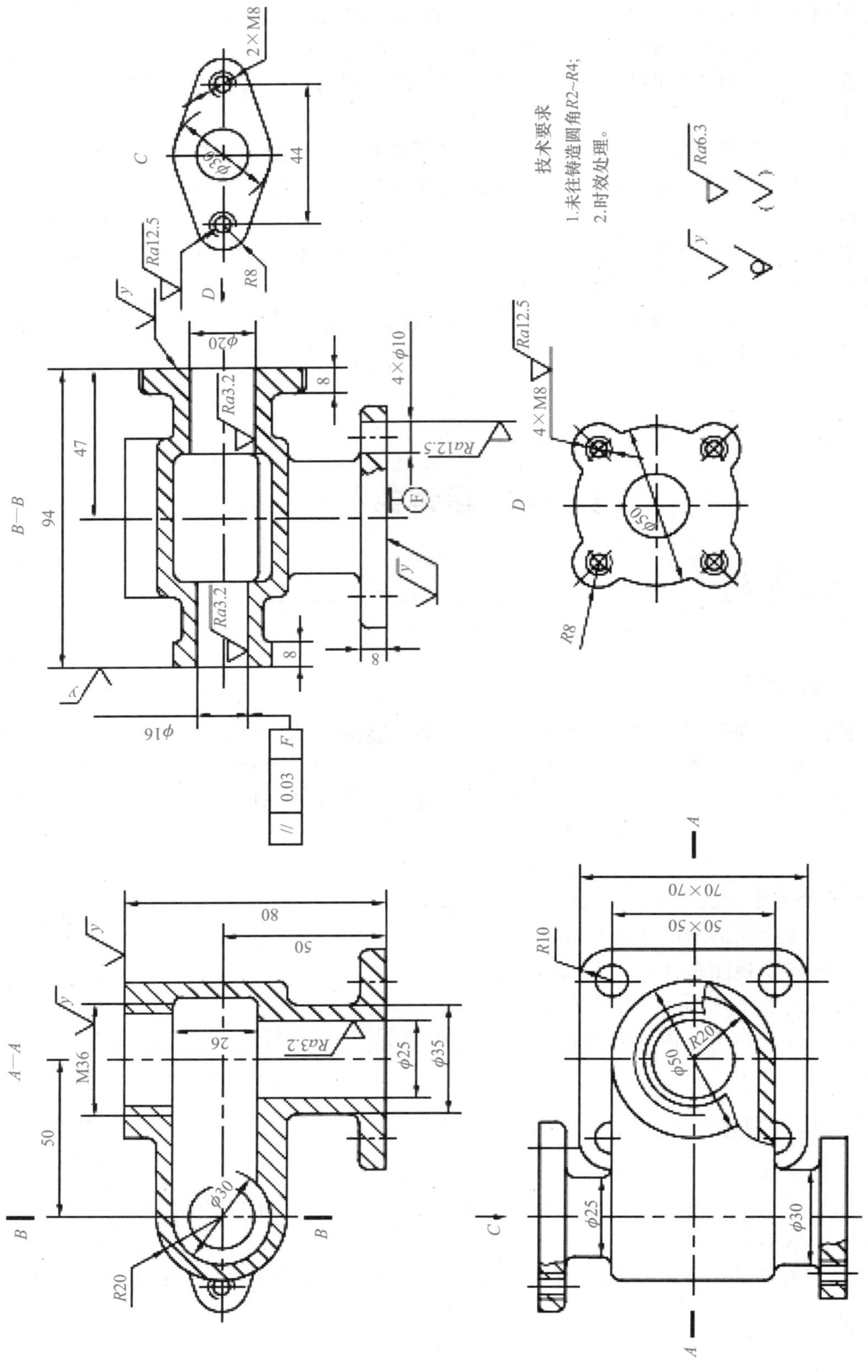

技术要求
1. 未注铸造圆角R2~R4;
2. 时效处理。

图 6-4-1

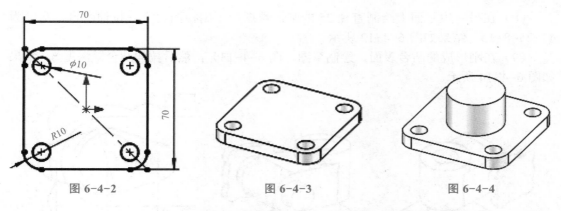

图 6-4-2　　　　　　　图 6-4-3　　　　　　　图 6-4-4

（3）在实体上表面绘制直径 50 的同心圆，然后拉伸凸台，深度 80-50+20=50（图 6-4-5）。

（4）在前视基准面，绘制草图（图 6-4-6），然后拉伸实体，深度 50，两侧对称（图 6-4-7）。

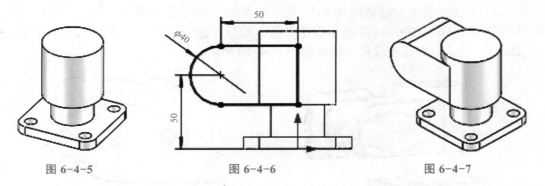

图 6-4-5　　　　　　　图 6-4-6　　　　　　　图 6-4-7

（5）在实体上表面绘制直径 25 的同心圆，然后拉伸切除，深度完全贯穿（图 6-4-8）。

（6）在左前面绘制直径 30 的同心圆，拉伸凸台，深度 47-50/2-8=14，结果如图 6-4-9 所示。

（7）在凸台前面绘制如图 6-4-10 所示的草图，然后拉伸凸台，深度 8，如图 6-4-11 所示。

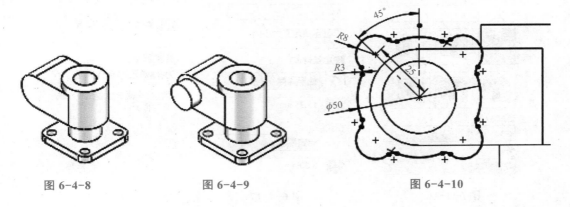

图 6-4-8　　　　　　　图 6-4-9　　　　　　　图 6-4-10

（8）在另一边平面上绘制直径 25 的圆，数据源于俯视图后方，拉伸凸台，深度为 47-25-8=14，结果如图 6-4-12 所示。

（9）在刚形成的凸台表面，绘制草图（图 6-4-13），然后拉伸凸台，深度 8，结果如图 6-4-14 所示。

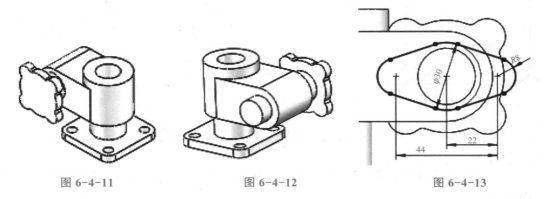

图 6-4-11   图 6-4-12   图 6-4-13

（10）在实体表面绘制如图 6-4-15 所示的草图，.然后退出草图。利用异型孔向导，按照如图 6-4-16～图 6-4-18 所示设定参数，然后单击"位置"，单击如图 6-4-15 所示的圆心，确认后形成螺纹孔。结果如图 6-4-19 所示。

图 6-4-14   图 6-4-15

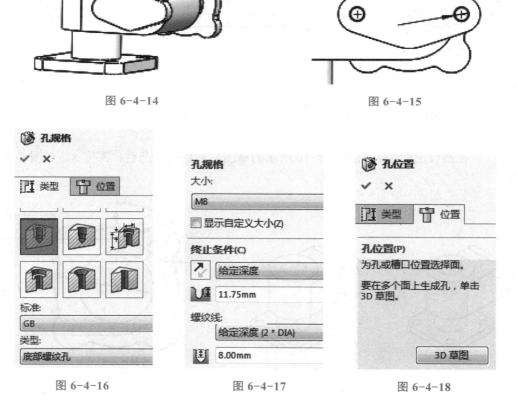

图 6-4-16   图 6-4-17   图 6-4-18

（11）同样的做法制作 4 个 M8 螺纹孔（图 6-4-20）。

（12）制作直径 16 的通孔（图 6-4-21）。

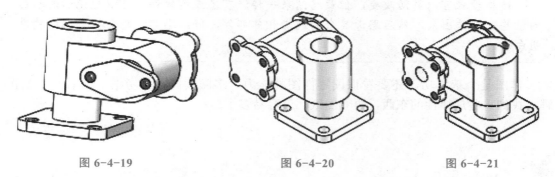

图 6-4-19　　　　　　　　　图 6-4-20　　　　　　　　　图 6-4-21

（13）在四角半圆凸台表面绘制直径 20 的孔，拉伸切除，深度 47 以下即可（图 6-4-22）。

（14）在前视基准面绘制草图（图 6-4-23），拉伸切除，深度 40，两侧对称。

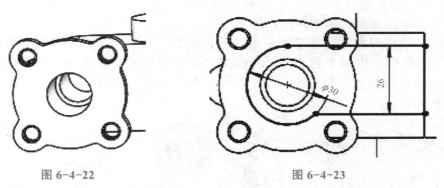

图 6-4-22　　　　　　　　　　　　　　　图 6-4-23

（15）在前视基准面绘制草图（图 6-4-24），旋转切除。剖开以后的结构如图 6-4-25 所示。

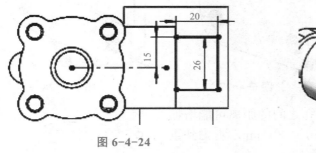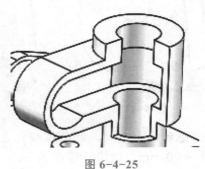

图 6-4-24　　　　　　　　　　　图 6-4-25

（16）倒圆角。

（17）保存文件。

说明

　　造型步骤可以灵活改变，但最终结果一样。有了三维软件，可以把能够看明白的结构先制作出来，然后思考其余的或者相邻部件，仔细思考，总会把全部结构看明白的。

　　作图是个基本功，还要看识读零件图的能力，多阅读同类参考书，多看其中的讲解，找到一些规律性的东西，再看图纸，就容易多了。

【创新导航】

　　思路1：底座通孔改为M8螺纹孔，出发点是固定作用不变，是个小改动。先把孔堵起来，然后绘制四个直径4毫米的圆（图6-4-26），然后制作M8的螺纹孔（图6-4-27）。

　　思路2：底座如果面积较大，考虑添加凹坑，出发点是工艺结构的合理性（图6-4-28）。如果考虑密封性，还要改进。

　　思路3：结构对称，功能增加一倍（图6-4-29）。如果考虑螺栓安装方便，可以加大圆柱的高度，由原来的50增加到125。如果考虑到流量不变，圆柱内墙面积要加大一倍，直径增大1.414倍。ϕ25改为ϕ35，为了保持壁厚，外径由35改为45（图6-4-30）。

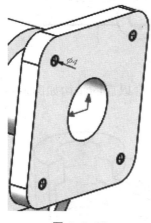

图 6-4-26

图 6-4-27

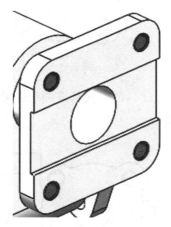

图 6-4-28

　　考虑到扳手空间，底部螺纹孔之间的距离可能增加到 60～70 mm，边缘长度改为 70～80 mm，考虑到重量问题，将底座厚度由 8 mm 改为 10 mm。

　　思路4：增加筋板，增加牢固性，如图6-4-31所示。

　　思路5：上部增加六方体，以便于维修拆卸（图6-4-32），这种从设计角度就考虑维修的思路值得应用。

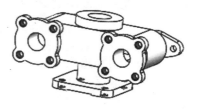

图 6-4-29

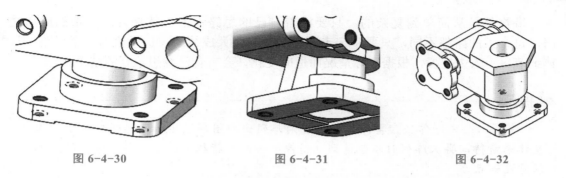

图 6-4-30　　　　　　　　　　图 6-4-31　　　　　　　　　　图 6-4-32

思路 6：利用线性阵列形成上下排列的同样结构，功能也会增加（图 6-4-33）。上下两层之间增加开关装置，可以切换，只用一组，也可以同时开两组（图 6-4-34）。

思路 7：以完成的实体为中心，做出圆周阵列，将实体的变化过程做个排列（图 6-4-35）。好像是个太阳系，太阳系里面包含着九大星球（包含太阳本身），扩大思维，将周边逐步形成的过程变为创新改进的模型，一个模型一个改进，九次改进就是完善了整个的太阳系模型（图 6-4-36）。一个太阳系模型再阵列成九个类太阳系，就成为银河系模型了（图 6-4-37）。

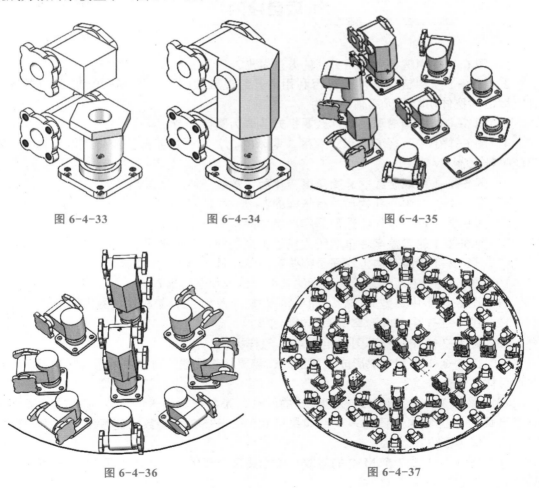

图 6-4-33　　　　　　　　　图 6-4-34　　　　　　　　　图 6-4-35

图 6-4-36　　　　　　　　　　　　　　图 6-4-37

事物都是从简单到复杂的，只要沿着自己的思路走下去就是自己未来的成功之路，每个人的路都不同，只要坚定走下去就会有巨大成绩的。这里给出一个思路，具体细节每个人去把握，根据实际情况而适时变化，会有自己意想不到的结果。

> ⌨ **提示**
>
> 　　**提示 1**：先制作底盘再做阵列，否则阵列出的图形不显示。阵列后的结构作为整体来看待，再次阵列时本想阵列（镜像）一两个特征，结果整个实体都阵列了，注意这一点。
>
> 　　**提示 2**：改进了思路，就要进行下去，不断完善产品，最后的满意结果就是自己的，创新结局属于自己。这种超越了原来结构三分之一量的产品基本属于自己的作品了。这种改进还要结合实际应用情况来变化。经过实践检验的产品才是合格的。

项目检测

1. 图 6-1-1 中键槽可否用另外的办法做出？

2. 图 6-1-1 中键槽基准面可否利用离开经过轴线的水平面 44-29=15 的参数来创建？以后的拉伸切除是远离轴中心的。

3. 图 6-1-1 中键槽草图为什么要把方头改为圆头？

4. 图 6-1-1 中直径 6 毫米、深度 3 毫米的孔，可否用异形孔向导来做？孔的作用可能是什么？

5. 图 6-1-1 中螺旋线的起始角度变化后，螺纹还能做出来吗？

6. 图 6-1-1 中中心孔的尺寸是怎样的？

7. 图 6-2-1 盘盖零件的造型顺序是怎样的？

8. 图 6-2-1 轮盘盖零件锥螺纹的代号含义是什么？关键尺寸是多少？

9. 图 6-2-1 中端盖的工作面是哪些？左端还是右端？

10. 图 6-2-1 中两个直径 8 毫米的孔各自的作用是什么？

11. 图 6-2-1 中造型完毕后，如果将尺寸 34 改为 32，怎样快速做出图形来？

12. 图 6-3-1 中椭圆形弯壁怎样做出来？

13. 图 6-3-1 中键槽草图的距离 43.3 怎样标注？

14. 图 6-3-1 中用 SW 形成 A 视图时，需要解除视图的对齐关系吗？如果不解除，图形可能在哪个位置？

15. 图 6-3-1 中直径 45、深度 35 的圆柱，是怎样做出来的？以距离 22 为参数创建基准面时，拉伸深度值为多少？如果以距离 22-35/2 为参数创建基准面，形成圆柱时，深度值为多少？

16. 图 6-3-1 中 2 个 M12 的螺纹孔中心线离开实体前端面（直径 80 的圆柱端面）是"3+14"，"17+40"对吗？

17.　图 6-3-1 中 M12 螺纹孔所在板创建时需要建立基准面，怎样建立？

18.　图 6-3-1 中主视图 5 毫米的槽，跟左视图 5 毫米的槽是一样的吗？

19.　图 6-4-1 中 C 视图和 D 视图结构不一样，但都是 M8 的螺纹，螺纹的存在说明什么？工作中这两个结构处是否要有密封垫圈？

20.　图 6-4-1 中这个阀体，几个出口部位相通？阀体底座安装尺寸是什么？

21.　图 6-4-1 中立体做完后，哪些地方需要圆角？圆角尺寸你喜欢哪个尺寸？

22.　图 6-4-1 中 B—B 剖视图中的通孔尺寸"16"和"20"不一样的目的可能是什么？

23.　图 6-4-1 中这个铸铁件可能多重？怎样加工出来？

24.　图 6-4-1 中主视图标注的 M36 的作用是什么？

25.　图 6-4-1 中如果各个部分的尺寸增加一倍，怎样快速做出模型？

参 考 文 献

［1］马晓霞，赵天学，机械制图与 CAD［M］．北京：北京交通大学出版社，2011．

［2］赵天学，马晓霞．机械制图与 CAD 习题集［M］．北京：北京交通大学出版社，2011．

［3］赵天学，谢先敏．SolidWorks2008 中文版实例教程［M］．北京：北京师范大学出版社，2011．

［4］王晨曦．机械制图［M］．北京：北京邮电大学出版社，2012．

［5］王晨曦．机械制图习题集［M］．北京：北京邮电大学出版社，2012．

［6］赵天学，申耀武，王秀梅．SolidWorks 2016 实例及创新教程［M］．北京：北京师范大学出版社，2019．